주족 원소

무기 고분자

주족 원소
무기 고분자

노성희 · 조명식 · 이인화 · 우희권 지음

MAIN GROUP ELEMENT INORGANIC POLYMER

국립중앙도서관 출판시도서목록(CIP)

주족원소 무기고분자 / 지은이: 노성희, 조명식, 우희권. --
서울 : 사이플러스, 2014
p. ; cm

ISBN 978-89-92603-68-3 93430 :

무기 고분자[無機高分子]

435-KDC5
546-DDC21 CIP2013013178

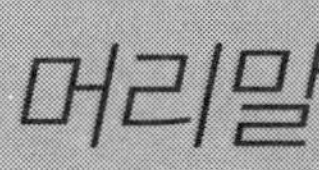

머리말

인간은 영겁의 기간 동안 놀라운 진화에 진화를 수없이 거치면서 인간 DNA에 저장된 본능적 지식과 선험적 지식으로 살아왔다. 이런 지식에 인간은 매일 새로운 사회적 경험을 하면서 지식을 축적하며 또한 교육을 받으며 살고 있다.

우리가 살고 있는 현재의 자연은 진화를 거듭하는 무한 우주 속의 미미한 지구 행성에 놀랍고도 무수한 우연과 필연이 집중되면서 생겨난 것이다. 황폐한 화성 행성, 달과 견주어보면 우리 지구에 얼마나 많은 행운의 연속이었는지 짐작이 간다. 즉, 충돌에 의해 크기가 커져서 생긴 적절한 중력으로 인해 사람이 지구에 발붙이고 살 수 있고 대기와 물이 생겨나고, 온실효과 기체 존재로 따뜻한 온도가 적절하게 유지되어왔다.

게다가 지구 대기 상층부에 오존층이 있어 해로운 우주선을 막아주며, 지구 자전으로 생긴 지구자기장이 태양에서 오는 태양풍과 우주선을 막아준다. 추운 남극과 북극에 매우 두꺼운 빙하층이 있어 전체 지구가 물에 잠기는 것을 막아준다. 이 얼마나 놀라운 우연의 우연이 만들어낸 경이로움인가를 생각하면 소름이 끼칠 정도이다. 게다가 빙하기 어려움을 인류는 살아남아 진화를 거듭해왔다.

뉴턴의 만유인력의 법칙, 아인슈타인의 상대성이론, 다윈의 진화론 등의 놀라운 발견도 사실 자연을 조금 들여다본 것에 해당된다. 자연에 감추어진 사실과 진리 및 법칙을 조금 발견하고는 우리는 대단한 발견 혹은 발명이나 한 듯 의기양양해한다. 과학기술이 고도로 발달한 오늘날에도 세계 곳곳에서 화산 폭발, 쓰나미, 폭풍, 지진으로 엄청난 인적, 물적 피해가 발생하고 있다. 첨단의 과학기술로도 이 자연의 가공할 힘에 무력처참하게 당한다. 심지어 현재도 우리가 인지하고 있지 못하지만 세계 곳곳에서 진화가 서서히 혹은 신속하게 일어나고 있다. 현재 우리 인류조차도 돌연변이-진화의 과정 속에 하루하루 위태롭게 살아가고 있다.

우리가 겸허한 자세로 자연과 함께 공존하며 자연의 비밀을 엿보고 이해하여 발견한 법칙으로 세상을 점진적으로 바꾸어야 한다. 과학과 기술은 항상 앞서거니 뒤서거니 하면서 서로 상생 윈윈하며 인간 복리 증진에 견인차 역할을 하여왔다. 과학은 과학적 사고와 방법으로 무장한 과학자에 의해 자연의 비밀과 법칙을 서서히 밝혀왔다. 그러나 과학적 선지식을 전수받는 중고교 교육과정에서 학생들이 흥미를 잃고 과학을 경시한다. 대학에 와서는 더욱 흥미를 잃고 안정적 직업에 매달려 과학이 학생들로부터 철저히 외면당하고 있다. 명문대학교에 입학하여 좋은 학점을 얻어 졸업을 하고 좋은 직업과 배우자를 얻기 위하여 공부를 하는 것은 젊은이의 올바른 자세가 아니라고 생각한다. 공부를 하고 지식을 습득하는 것은 세상을 이해하여 보다 깊이 있게 바라보고 세상을 변화시키는 기술 혁신을 달성하고자 하는 것이라고 생각한다.

이 책을 쓴 목적은 과학을 통하여 세상을 이해하고 변혁하는데 필요한 전문지식을 알기 쉽게 풀어 설명하려는 데 있다. 석유화학의 경이로운 발달로 탄소를 근간으로 하는 유기 고분자화학은 학문적, 산업적으로 급격한 성장을 해왔다. 산업용 첨단기계부터 범용 용기, 의류 및 생활필수품에 이르기까지 주위에서 유기 고분자들을 흔히 볼 수 있다. 그러나 세계적 석유, 석탄, 가스의 매장량이 줄어 탄소 에너지 고갈이 현실화 되어 가고 있고 더불어 환경에 막대한 피해를 끼치고 있는 것이 현실이다. 게다가 첨단 기술의 발달로 탄소를 기저로 하는 유기 고분자의 기능적 한계가 드러나고 있다. 그리하여 더 이상 유기 고분자에만 의지하여 살 수 없게 되었다. 이렇게 탄생된 것이 금속 혹은 주족 원소를 근간으로 하는 무기 고분자이다. 금속을 근간으로 하는 무기 고분자에 대해서는 다음 저술 기회로 넘기고 이 책에서는 주족 원소(Si, N, P, B, O, S)를 근간으로 하는 무기 고분자에 대해서만 소개하였다. 여기에 탄소를 근간으로 하는 고분자 형태이지만 무기 광물로 취급이 가능한 흑연, 다이아몬드, 풀러렌, 그래핀, 탄소나노튜브, 탄소섬유도 마지막 장에 포함시켰다. 따라서 본 저서는 2005년에 처음 발간된 ≪기능성 무기 고분자≫의 개정증보판이라 볼 수 있다. 물론 그 분야에 많은 연구업적을 낸 제자들, 조선대학교 공과대학 객원교수로 재직 중인 노성희 박사와 광주지방 식품의약품안전청 보건연구사로 재직 중인 조명식 박사의 협조로 개정증보 작업이 순조로웠다.

저자가 무기 고분자 연구분야에 입문하게 된 것은 대학 시절 연세대학교 화학과 김장환 명예교수님께 무기화학과 실리콘에 관한 강의를 들은 것이 계기가 되었다. 또한 고인이 되신 이길상 교수님께 반미량 정량분석과목을 들어서 무기분석화학에 대한 기초 지식을 공고히 하였었다. KAIST 화학과에 진학하면서 유기 고분자를 전공하였고, 하버드대학교 화학과에서 무기화학으로 석사과정을 그리고 캘리포니아대학교 화학과에서 T. Don Tilley 교수님(현재 U. C. Berkeley에 재직)의 지도하에 유기금속 촉매 및 무기 고분자 연구로 박사학위를 받았다. 이어 실리콘 계 무기 고분자의 세계적 석학을 만나는데, M.I.T.공과대학교 화학과에서 실리콘 계 세라믹 분야의 세계 최고 석학인 Dietmar Seyferth 교수님의 지도로 무기 세라믹 재료 연구분야에 입문하게 되었고, 이어 또 한 분의 실리콘화학분야 세계적 거성인 캐나다 McGill대학교 화학과 John F. Harrod 교수님을 만나 무기 고분자에 관한 연구를 공고히 하게 되었다. 이런 연유로 많은 지식과 연구 노하우를 바탕으로 주족 원소 무기 고분자에 관한 주제로 이 책을 저술하게 되었다. 무기 고분자에 대한 입문서로서 수십 년간 지식과 노하우로 쉽게 풀어쓰려 노력하였으나 화학 용어와 화학 기호 사용에 대한 어려움이 많았다.

물론 이 책을 수월하게 쓸 수 있었던 것은 과거 20년간 내 전남대 첨단무기재료연구실을 거쳐 간 학부생, 석사 · 박사 졸업생들, 박사후연구원 그리고 공동연구를 수행한 국내외 동료교수님들의 수

고와 노력 덕분임을 충분히 인지한다. 본 저서의 출판을 기꺼이 허락해주신 사이플러스출판사 박종성 대표와 편집부 직원들께 감사의 마음 전하고 싶다. 앞으로도 기회가 되면 본 저서의 개정증보판을 출간할 계획을 가지고 있다. 혹 본 저서에 있을지 모를 설명 부족과 내용 및 철자의 모든 오류는 전적으로 본 저자들의 책임임을 밝혀둔다.

2013년 7월 10일
지은이 대표 우희권 적음

차례

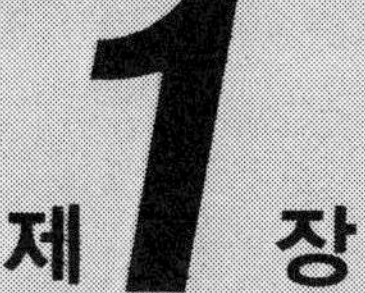

무기 고분자의 정체 및 신소재로서의 중요성

MAIN GROUP ELEMENT
INORGANIC POLYMER

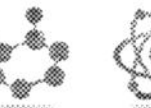

제 1 장 무기 고분자의 정체 및 신소재로서의 중요성

1-1 신소재란 무엇인가?

신소재는 기존의 재료와는 다른 뛰어난 특성과 새로운 기능을 갖고 있는 물질을 일컬으며, 인류문명은 이런 신소재의 탄생과 함께 발전을 거듭하여 왔다. 근대에 들어 값싸고 풍부한 원유로부터 뽑은 성분으로 제조한 플라스틱, 수지, 섬유 등의 석유정밀화학의 발달로 인류는 풍요로운 생활을 영위하여 왔다. 그러나 탄소를 주성분으로 하는 에너지원인 원유 매장량의 급감에 따른 원유가격의 급격한 상승과 대기환경오염으로 인한 지구환경의 심각한 이상 변화로 세계 경제와 정치상황이 요동치고 있다. 그리하여 탄소 이외의 원소로 구성된 청정 에너지원과 신소재의 개발이 중요과제로 대두되고 있다. 현재 우리나라를 포함한 세계 선진국들 간에 여러 첨단 기술 분야에서 고부가 기능성 신소재 개발 경쟁을 치열하게 벌이고 있으며, 이것은 곧 그 나라 존망과 직결된다(그림 1-1).

그림 1-1
첨단 신소재로 만들어진 최신 기기: 탱크 · 자기부상열차(대한민국), 우주왕복선(미국), 핵잠수함(영국).

신소재는 크게 고분자, 금속, 세라믹으로 나눌 수 있다. 이 중에서 금속은 최근 새로운 합금에 대한 연구가 활발하게 이루어지고 있고 연성, 전성, 전도성 등이 뛰어나고 고온에도 잘 견디지만 일반적으로 무겁고, 부식되기 쉬우며 원광에서 선광, 제련까지 많은 노력과 에너지가 필요한 단점을 지닌다. 세라믹은 열, 산화에 잘 견디고 성형이 쉬우나 무겁고 충격에 부서지기 쉽다. 고분자는 크게 유기 고분자와 무기 고분자로 나눌 수가 있고, 요사이 기능성을 갖는 무기 고분자에 관한 연구가 활발하게 이루어지고 있다. 일반적으로 유기 고분자는 값싸며 가볍고, 잘 산화 부식되지 않으며, 낮은 온도에서도 성형 가능하고, 우수한 전기 절연체로 작용하지만 특수한 경우 전도성을 가지기도 한다. 이러한 유기 고분자의 장점에도 불구하고 몇 가지 치명적 단점을 갖고 있다:

(1) 극한 온도에서 사용시 경도(hardness)와 취화도(brittleness) 문제점.

(2) 장시간 고온 가열시 녹거나 쉽게 분해가 일어나며 인체에 해로운 독가스 배출.
(3) 장시간 자외선 조사시 분해 혹은 변성이 일어남.
(4) 유기 고분자에는 없고 무기 고분자에 국한된 특수 기능성(금속성).

이러한 유기 고분자가 가지는 단점을 극복하기 위해 무기 고분자와 무기-유기 혼성고분자가 개발되었다. 고분자는 생성 원인별로 천연고분자 (예: 단백질, 핵산, 녹말, 셀룰로오스, 키틴 등)와 인조고분자 (예: 폴리에스테르, 나일론, 폴리비닐, 폴리우레탄, 폴리카보네이트, PET, PVC 등)로 나뉘며, 용도별로 구조성 고분자와 기능성 고분자 (예: 전기발광, 광발광, 비선형광학, 액정, 생분해성, 약품전달, 분리성, 전해질, 불연성, 광분해 등)로 나눌 수 있고, 성분별로 유기 고분자, 무기-유기 혼성고분자, 무기 고분자로 대별된다.

1-2 무기 고분자의 종류

무기 고분자는 무기 원소를 고분자 주사슬 또는 곁사슬에 포함하는 고분자를 일컫는다. 여기서 무기 원소는 좁게는 각종 금속 (s와 p 궤도를 채우는 알루미늄, 마그네슘과 같은 전형금속, d 궤도를 채우는 티타늄, 지르코늄, 텅스텐과 같은 전이금속, f 궤도를 채우는 란탄족-악티늄족과 같은 내부전이금속)만을 의미하지만 넓게는 비금속계 주족(main group) 무기 원소인 Si, Ge, P, B, S, O, N 등의 원소들로 골격을 이룬 것도 포함한다. 무기 고분자는 다음의 세 가지 유형으로 크게 나눈다. 첫째, 무기 성분이 유기 고분자의 곁사슬에 포함된 경우로서 유기 고분자의 성분 성질은 거의 유지한 채 곁사슬에 포함된 무기 성분의 성질 또한 나타낸다. 둘째, 무기 원소를 고분자 주사슬의 골격에 탄소와 함께 도입하거나 단독으로 도입된 경우. 셋째, 세라믹 제조를 위한 전구체 역할을 하도록 설계된 무기-유기 혼성고분자의 경우. 넷째, 순수하게 무기 성분만으로 구성된 망상구조 또는 격자구조를 가지는 이온화합물의 경우가 있다. 무기 성분이 유기 고분자의 곁사슬에 포함된 무기 고분자의 합성에는 주로 무기 성분을 치환기로 하는 비닐단위체(vinyl monomers; $CH_2=CH-X$ 형태)가 사용된다. 여기서 무기 성분 치환기로서 $Si(CH_3)_3$, $Si(OCH_2CH_3)_3$, $SiCl_3$, SiH_3, $OSi(CH_3)_3$, $Ge(CH_3)_3$, $Sn(CH_3)_3$, $O=P(C_6H_5)_2$, phosphazene$(N=P)_3$, borazine$(BH=NH)_3$, metallocene(예: ferrocene), pyridine-금속 등이 있다. 이들 비닐 단위체들을 여러 가지 개시 방법(예: 라디칼 중합, 이온중합, 배위중합)을 사용하여 중합시켜 고분자를 얻는다. 주사슬에 금속계 무기 성분을 가진 고분자로서 지글러-나타 올레핀 중합시 조촉매로 사용되는 methylaluminoxane(—(Me)AlO—) 외에 금속 착물(예: 메탈로폴피린)과 2개 배위기를 가진 리간드(예: dipyridine)가 배위에 의해 형성된 것이 있다. 주사슬에 비금속계 무기 성분을 가진 고분자로서 폴리포스파젠(polyphosphazene; $—R_2P=N—$ 결합을 주사슬에 가짐), 폴리보라진(polyborazine; $—BH=NH—$ 결합을 주사슬에 가짐), 폴리실록세인(polysiloxane; $—R_2Si—O—$ 결합을 주사슬에 가짐), 폴리실레인(polysilane; $—R_2Si—$ 결합을 주사슬에 가짐), 폴리실라제인(polysilazane; $—R_2Si—NH—$ 결합을 주사슬에 가짐) 등이 있다. 세라믹 제조를 위한 전구체 역할을 하도록 설계된 무기-유기 혼성고분자의 경우로서 두 번째 경우에서 기술한 주사슬에 비금속계 무기 성분을 가진 고분자 거의 전부가 이에 해당된다. 순수하게 무기 성분만으로 구성된 이온성/산화 고분자화합물의 경우로서 실리카(SiO_2), 알루미나(Al_2O_3), 제올라이트($M_x/n[(AlO_2)_x \cdot (SiO_2)_y] \cdot H_2O$), 소금(NaCl), Zinc blende/Wurtzite(ZnS), Perovskite ($CaTiO_3$), 형석(CaF_2), 티타니아(TiO_2), 지르코니아 (ZrO_2) 등 많은 광물이 이에 해당된다. 이들 순수 무기 고분자들은 촉매, 담체, 건조제, 보강재, 보석, 연마석 등 이루 헤아릴 수 없이 많은 분야에 응용된다.

1-3 4A족 원소의 차이

4A족(IUPAC 방식으로 14족) 원소는 탄소($_6C$), 규소($_{14}Si$), 게르마늄($_{32}Ge$), 주석($_{50}Sn$), 납($_{82}Pb$)이 있으며, 족 아래로 갈수록 금속성이 증가한다. 산화수는 족 아래로 갈수록 (n−1)*d*궤도 뒤 *ns*궤도 전자의 안정쌍 효과(inert pair effect)가 커져서 혼성이 덜 일어나므로 +4가(sp^3 혼성)에서 +2가(sp^2 혼성에 가까움)로 감소한다. $_6C$는 비금속성 원소로서 $1s^22s^22p^2$의 전자배치를 가지며, 전자 8개를 가져서 안정하게 된다. $_{14}Si$는 준금속 원소로서 $1s^22s^22p^63s^23p^23d^04s^0$의 전자배치를 가지며, 탄소와는 달리 3*d* 궤도함수를 사용할 수 있어 궤도 확장이 가능하여 8개 이상의 전자를 받아들일 수 있어 반응성이 크고 반응양상이 다양하다. 준금속인 Ge은 규소와 비슷하게 4*d* 궤도함수를 사용할 수 있어 궤도 확장이 가능하여 8개 이상의 전자를 받아들일 수 있다. 실제 Si와 Ge은 반응성이 매우 유사하다. 전기음성도는 C > Si > Ge > Sn > Pb 순으로 감소한다. 중금속인 Sn과 Pb는 독성이 큰 금속이다.

제 2 장

필수 화학 개념

   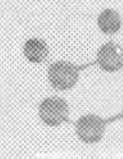 

MAIN GROUP ELEMENT
INORGANIC POLYMER

제 2 장 필수 화학 개념

제2장에서 본 저서 내용의 이해를 돕기 위해 화학용어를 간단하고 쉽게 서술하였다. 더 자세한 것은 본 저서 말미에 있는 참고문헌들을 참고하기 바란다.

2-1 ▸ 전자구름

양자역학의 원리에 의하면, 전자는 극히 작아 눈에 보이지 않는 초미립자이지만 빛의 속도(3×10^{10} cm/sec)로 움직이므로 입자인 동시에 파동성을 함께 지닌다. 그리하여 하이젠베르크의 불확정성 원리(uncertainty principle)에 의해 전자의 정확한 위치와 에너지를 동시에 측정할 수 없다. 이런 이유로 에너지를 정확하게 측정하면, 전자의 위치가 불명확해지므로 이것을 전자구름(electron cloud)이라고 한다.

2-2 궤도함수

어느 정도 가시적인 입자나 물건이 빛의 속도 이하로 움직일 때 우리가 중고교 물상과목 수업에서 이미 배운 대로 물체의 위치와 에너지를 동시에 측정할 수 있으며 고전역학(또는 뉴턴역학)으로 운동량, 가속도 등에 대해 대개 설명이 가능하다. 그러나 극히 작은 입자(예: 전자)가 빛의 속도로 움직일 때 양자역학(또는 파동역학)의 지배를 받아 전자의 위치와 에너지를 동시에 측정하지 못하므로 전자 움직임을 파동으로 보아야 한다. 파동방정식($H\Psi = E\Psi$; H는 헤밀토니안 연산자, E는 해답인 에너지 상태, Ψ는 파동함수)을 풀어서 그 답을 구한다. 답이 주양자수(n; 주껍질에 있는 궤도함수(orbital)의 크기 및 에너지 결정; n = 1,2,3...; n = 1을 바닥 상태, 더 큰 n값의 궤도를 들뜬상태라고 한다. n이 클수록 에너지가 커지고 불안정해진다.), 부양자수(또는 각운동량 양자수라고도 함; l; 부껍질에 있는 궤도함수의 모양 결정; l = 0,1,2,3...(n−1); l = 0은 *s* 궤도함수, l = 1은 *p* 궤도함수, l = 2는 *d* 궤도함수, l = 3은 *f* 궤도함수, l = 4는 *g* 궤도함수, *g* 궤도함수 이하는 알파벳 순시로 표시한다. 논리적으론 *g*, *h*, *i*... 등의 궤도함수가 가능하지만 실제는 *s*, *p*, *d*, *f*만으로 궤도함수 표시), 자기양자수(ml; 공간에서 부껍질에 있는 궤도함수의 배향과 관계 있다.; 예를 들면 l = 2일 때, ml은 +2, +1, 0, −1, −2의 5개 값을 갖는다. 즉, *d* 궤도함수는 5개가 있어서 d_{xy}, d_{yz}, d_{xz}, $d_{x^2-y^2}$, d_{z^2}로 나타낸다.), 스핀양자수(m_s; 각 궤도함수의 자기양자수에 대해 전자 2개가 파울리의 배타원리에 따라 2개 다른 스핀 상태 $+\frac{1}{2}$, $-\frac{1}{2}$로 나타낸다) 형태로 나온다. 이것을 조합하면 궤도함수가 얻어진다. 예로, n = 2, l = 2인 경우 2*d* 궤도함수를 의미한다. 궤도함수는 90%의 확률로 전자밀도가 존재할 영역을 그려놓은 것이다. 예로 *p* 궤도함수는 *p* 전자가 90% 확률로 존재할 영역으로 아령모양이다.

2-3 혼성

원자들이 결합하여 분자가 될 때, 더 안정한(사잇각이 90도 이상으로 벌어진) 화합물을 생성하기 위해 혼성(hybridization)을 한다. 그러나 모든 원자들이 혼성을 거쳐 분자가 되는 것은 아니다. 혼성은 궤도함수들의 전자구름을 합쳐 결합이 쉽고 안정한 화합물이 생성되도록 결합의 방향과 위치를 결정하고 전자구름이 잘 겹치게 한다. *p* 궤도함수는 상호 90도로 존재하지만, *s* 궤도함수가 첨가되면 그 사잇각이 벌어진다. 예를 들면 메탄(CH_4)을 생성하기 위해 탄소 ($_6C=1s^22s^22p^2$)는 안정한 1*s* 궤도함수는 사용하지 않으며, 좀더 불안정한 2*s*와 2*p* 궤도함수를 사용하여 혼성궤도를 형성한다. 4개의 수소($_1H = 1s^1$) 원자를 받아들여 4개의 시그마(σ) 결합을 하기 위해 탄소는 2*s* 궤도함수 1개와 2*p* 궤도함수 3개를 사용하여 4개의 동등한 sp^3 혼성궤도함수를 생성한다. 4개는 에너지 기하학적으로 사면체가 유리하므로 메탄은 사면체 형태(사잇각은 109.5°)를 취하여 안정하다. *p* 궤도함수의 사잇각이 *s* 궤도함수를 받아들여 혼성함으로서 90°에서 109.5°로 벌어진다. 다른 예로 물(H_2O)의 경우, 산소 원자($_8O = 1s^22s^22p^4$)는 2개의 수소($_1H = 1s^1$) 원자와 2개의 비결합 전자쌍(혹은 고립 전자쌍)을 받아들여 결합을 하기 위해 산소는 2*s* 궤도함수 1개와 2*p* 궤도함수 3개를 사용하여 4개의 동등한 sp^3 혼성궤도함수를 생성한다. 2개 혼성궤도함수는 수소 원자와의 시그마 결합에 쓰이고, 나머지 2개 혼성궤도함수는 결합을 하지 않고 비결합 전자쌍으로 남는다. 2개의 O—H 결합을 2개의 비결합 전자쌍이 누르므로 사잇각이 109.5°에서 104.5°로 준다. 암모니아(H_3N)의 경우, 질소 원자($_7N = 1s^22s^22p^3$)는 3개의 수소($_1H=1s^1$) 원자와 1개의 비결합 전자쌍(혹은 고립 전자쌍)을 받아들여 결합을 하기 위해 질소는 2*s* 궤도함수 1개와 2*p* 궤도함수 3개를 사용하여 4개의 동등한 sp^3 혼성궤도함수를 생성한다. 3개 혼성궤도함수는 수소 원자와의 시그마 결합에 쓰이고, 나머지 1개 혼성궤도함수는 결합을 하지 않고 비결합 전자쌍으로 남는다. 3개의 N—H 결합을 1개의 비결합 전자쌍이 누르므로 사잇각이 109.5°에서 107.5°로 준다. 그러나 PH_3의 경우는 커다란 크기의 P 원자에 작은 크기의 H 원자 3개가 무리없이 서로 떨어져 존재하므로 사잇각을 벌릴 필요가 없어서 인 원자는 혼성하지 않으며 89°이다. 또 다른 예로 ethylene($H_2C=CH_2$)의 경우, 2개의 수소 원자와 1개 탄소 원자를 받아들여 3개의 시그마(σ) 결합을 하기 위해 탄소는 $2s$ 궤도함수 1개와 $2p$ 궤도함수 3개 중 2개를 사용하여 3개의 동등한 sp^2 혼성궤도함수를 생성한다. 탄소의 혼성 안한 나머지 하나의 p 궤도함수는 다른 탄소의 혼성 안한 나머지 하나의 p 궤도함수와 파이(π) 결합을 이룬다.

2-4 공명

시그마 결합 위에 파이 결합이 교대로 위치하는 화합물들에서 파이 결합이 시그마 결합 위로 옮겨 다님에 의해 안정화되는 현상을 가리킨다. 중심 원자에 달린 같은 원자개수만큼 공명(resonance)구조를 가진다. 이산화탄소(O=C=O), 알렌($H_2C=C=CH_2$)은 파이 결합들이 연속으로 있어서 공명구조를 가지지 못한다. 아세틸렌(HC≡CH)은 파이 결합 2개가 하나의 시그마 결합 위에 함께 존재하므로 공명구조를 가지지 못한다. 벤젠(C_6H_6)의 경우, 육각형 C—C 시그마 결합 고리 안에 C—C 파이 결합 3개가 교대로 존재하므로 공명구조를 가져서 더욱 안정화된다. 탄산 이온(CO_3^{2-})의 경우 C—O 파이 결합이 한 개 있고, C—O 시그마 결합이 3개 있으며, 같은 산소 원자가 3개 있으므로 3개 공명구조를 가진다. 물론 −2 전하도 3개 산소들에 골고루 $-\frac{2}{3}$씩 배정된다. 이들 3개 공명구조는 동등하므로 각기 ↔로 표시한다.

2-5 방향성

시그마 결합으로 닫힌 고리형태의 화합물이 4n+2개의 파이전자를 가질 때 이 물질은 평면형으로서 방향성(aromaticity)을 가져서 안정하다. 또한 시그마 결합으로 닫힌 고리형태의 화합물이 4n개의 파이전자를 가질 때 이 물질은 비평면형으로서 반방향성(anti-aromaticity)을 가져서 불안정하다. 예를 들어 벤젠(C_6H_6)은 평면 육각 고리모양을 하고 있으며, 3개의 C═C 파이 결합, 즉, 6개(n이 1인 경우, 4n+2 = 6)의 파이전자를 가지므로 방향성을 가져 안정하다. 이에 비해 사이클로부타디엔(C_4H_4)은 사각 고리모양을 하고 있지만, 2개의 C═C 파이 결합, 즉, 4개(n이 1인 경우, 4n=4)의 파이전자를 가지므로 방향성을 가지지 못해 나비 형태의 꺾어진 비평면 구조를 가져서 불안정하다.

2-6 전기음성도

전기음성도(electronegativity)는 1954년에 노벨화학상을 수상한 라이너스 폴링(Linus Pauling, 1901~1994)이 제안한 것이다. 분자 내에서 각 원자가 상대 원자의 전자를 자신에게 잡아당기는 능력을 표시한 것으로서 불소(F)의 전기음성도가 4로서 가장 크다. F(4.0) > O(3.5) > Cl(3.2) > Br, N(3.0) > I(2.7) > S, Se(2.6) > C(2.5) > H, P, At(2.2) > B(2.0)..... > Si(1.9) > Li(1.0) > Na(0.9) > K, Rb, Cs(0.8) 순서로 감소하며, 주기율표에서 1족(알카리 금속)이 작고 7족(비금속)으로 갈수록 증가한다. 흥미롭게도 C—H 결합의 경우 C의 전기음성도가 H보다 크므로 음의 부분전하(δ^-)가 C에 위치하지만 Si—H 결합의 경우 H의 전기음성도가 Si보다 크므로 음의 부분전하(δ^-)가 H에 위치한다. 또한 산소의 전기음성도가 수소의 전기음성도에 비해 월등하게 크므로 산소에 음의 부분전하가, 수소에 양의 부분전하가 위치하여 물이 수소 결합을 가진다. 이리하여 물의 끓는점이 −90℃에서 +100℃로 약 190° 정도 증가하여 물이 지구상에 액체로 존재함으로써 생명현상에 막대한 영향을 끼친다. 온도가 0℃ 이하로 내려가면 수소 결합이 매우 많이 생겨서 고체인 얼음이 되지만 대신 빈 구멍이 많이 생겨 밀도가 작아져서 물위에 뜨게 된다. 물은 우주에서 유일하게 자신의 고체가 액체 위에 뜨는 물질이다.

2-7 결합

물리학적 결합(bond)은 핵들이 상호 융합하거나 붕괴하는 것을 의미하지만 화학적 결합은 핵이 아닌 전자구름들이 서로 겹쳐서 원자들이 공유하는 것을 의미한다. 결합은 크게 금속 결합(metallic bond), 이온 결합(ionic bond), 공유 결합(covalent bond)으로 구분하며, 순수 공유 결합과 순수 이온 결합 사이에 극성 공유 결합이 있다. 수소 결합(hydrogen bond)은 정식 결합이기보다는 쌍극자−쌍극자 상호작용(dipole−dipole interaction)에 가깝다.

2-8 주기율표

1869년에 러시아 교사인 멘델레예프가 제안한 것으로서 원소들을 원자질량 순서로 배열한 것이 최초이다. 원소 성질의 주기성(옥타브 법칙, 팔전자규칙)을 발견하고 미발견 원소들(예; Ge)의 존재와 성질을 예견하기도 하였다. 그러나 약간의 오류가 있어서 1913년에 모즐리가 양성자수 순서로 배열한 것이 오늘날의 주기율표(periodic table)이다. 천연원소 90개와 인공원소 28개를 원자번호(양성자수)가 증가하는 순서로 배열한 표이다. 족의 번호는 A족(주족 원소 혹은 전형 원소; 산화수가 일정; *s* 궤도함수와 *p* 궤도함수를 채우는 원소)과 B족(전이 원소; 산화수가 일정하지 않음; *s* 궤도함수와 *p* 궤도함수뿐만 아니라 *d*, *f* 궤도함수를 채우는 원소)으로 나누어 붙여 사용하여 왔으나 최근에는 IUPAC(국제 순수 및 응용화학연맹)에서 결의한대로 1~18족으로 분류한다. 예로 과거 4A족(C, Si, Ge, Sn, Pb)은 현재 14족으로 분류한다.

2-9 루이스 산-염기 정의

아레니우스는 산(acid)은 H^+ 이온을 주는 것이고 염기(base)는 OH^- 이온을 주는 것으로 정의하였다. 브뢴스테드는 산은 H^+ 이온을 주는 것이고 염기는 H^+ 이온을 받는 것으로 정의하였다. 루이스는 산은 비공유 전자쌍을 받는 것이고 염기는 비공유 전자쌍을 주는 것으로 정의하였다. 일반적으로 금속 양이온은 루이스 산(Lewis acid), 리간드는 루이스 염기(Lewis base)이다. 산과 염기가 반응하여 물과 염을 생성하는 것을 중화라고 한다.

2-10 모노머

중합 반응을 통해 화학 결합으로 연결되어 고분자를 생성하는 것을 모노머(monomer, 단위체, 단량체)라고 하며 단위체 혹은 단량체라고 부르기도 한다. 고분자 중합방법에 따라 다양한 모노머가 존재한다.

2-11 고분자

모노머가 개시제(initiator, promoter)에 의해 중합 반응(라디칼 중합, 축중합, 이온중합, 지글러-나타 배위중합, 개환중합 등등)을 통해 화학 결합으로 연결되어 고분자(polymer, macromolecules)를 생성한다. 분자량이 작게는 수천 달톤에서 수백만 달톤까지 얻어진다. 천연 고분자와 (인조)공업용 고분자로 나뉜다. 유기 고분자, 무기 고분자, 무기-유기하이브리드 고분자로 나뉘기도 한다. 용도에 따라 의료용 고분자, 농업용 고분자, 전구체용 고분자 등으로 불리기도 한다.

2-12 고분자 분자량과 분포

분자량이 정확한 유기 단분자 물질과는 달리 고분자의 분자량(polymer molecular weight)은 정확히 알기 어렵다. 그 이유는 고분자 사슬의 길이가 제각각 분포하기 때문이다. 그리하여 평균분자량으로 구한다. 수평균분자량(number average molecular weight, M_n), 중량평균분자량(weight average molecular weight, M_w), 점성평균분자량(viscosity average molecular weight, M_v) 등 다양하다. 일반적으로 중량평균분자량이 수평균분자량보다 크다. 중량평균분자량을 수평균분자량으로 나누어 준 값을 다분산지수(polydispersity index, PDI)로 부르며, 이 값이 1에 가까울수록 고분자 구조가 명확하며 리빙중합(living polymerization)이라고 부른다. 일반적으로 랜덤 라디칼 중합일수록 PDI 값이 크며, 제어된 음이온중합일수록 PDI 값이 1에 가깝다.

2-13 유리전이온도

고체, 액체, 기체 등으로 가역적으로 변하는 단분자 물질들은 녹는점(melting point, m.p.)과 끓는점(boiling point, b.p.)이 비교적 명확하다. 예로 물은 1기압 대기 하에서 녹는점(혹은 어는점)이 0°C이고, 끓는점은 100°C로 정확하다. 또한 이온성 물질이 공유성 물질에 비해 녹는점과 끓는점이 높다. 이에 비해 고분자는 극한 조건에서 분해되지 않는 이상 결코 기체로 변하지 않는다. 그리하여 낮은 온도에서 비결정성 고체(유리, glass)로 존재하며, 온도가 올라가면 탄성질 고체(고무, rubber 혹은 elastomer)로 변하는데 이 온도를 유리전이온도(glass transition temperature, T_g)라고 한다. 유리전이온도가 낮을수록 유연성이 높은 고분자이다. 보통의 유기 고분자는 대개 유리전이온도가 높아 낮은 온도에서 고체 상태로 얼어 쓸모가 작지만 액상 polysiloxane인 $[(CH_3)_2Si-O]N$은 유리전이온도가 −110°C 정도로서 낮은 온도에서 액체 상태로 존재하여 쓸모가 매우 크고 많다. 고분자 고무를 더 가열하면 결정성이 커져서 고체 결정 성질을 가지므로 결정온도(crystallization temperature, T_m)가 관찰되기도 한다. 유기 단분자는 온도가 높아지면 끓지만 고분자는 결정성 고체로 변한다.

2-14 세라믹 잔여 수율

보통의 유기 고분자는 분자구조와 분자량에 따라 차이가 다소 있지만 대개 300~500°C의 온도에서 분해되어 기체 혹은 낮은 끓는점 물질로 날아가므로 세라믹 잔여 수율(ceramic residue yield)이 0%에 가깝다. 이에 비해 무기 고분자는 대개 500~1000°C 이상의 고온에서 잔여물(산화물, 세라믹)을 남기므로 세라믹 잔여 수율이 5~80%로 높다. 가교 정도가 높을수록 세라믹 잔여 수율이 높게 나타난다. 세라믹 잔여 수율은 처음 시료무게가 온도가 증가함에 따라 얼마나 남아 있는가에 대한 백분율로 나타낸다.

제 3 장

필수 분석기기

MAIN GROUP ELEMENT
INORGANIC POLYMER

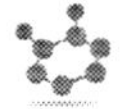

제 3 장 필수 분석기기

무기 고분자를 연구하고 이해하는데 필요한 대표적 분석 기기들에 대해 설명하였다. 더 자세한 것은 본 저서 말미에 있는 참고문헌들을 참고하기 바란다.

3-1 핵자기 공명 분광분석

1952년에 노벨상을 받은 스탠포드대학교의 Bloch 교수와 하버드대학교의 Purcell 교수가 발명한 원리를 바탕으로 만들어진 분석기기이다. 주기율표에 나열된 원소들의 동위원소 중 핵스핀 번호(I)가 $\frac{1}{2}$인 핵종(예: ^{1}H, ^{13}C, ^{19}F, ^{29}Si, ^{31}P)이 주로 쓰인다. 자연존재비가 높은 핵종일수록 스펙트럼을 얻기가 더 빠르고 수월하다. 자연존재비가 높은 핵종(예: ^{1}H)은 구간 적분비를 비교하여 정량분석도 가능하다. 자연존재비가 낮은 핵종일수록 스펙트럼을 얻기가 어렵지만 시료 농도를 높이고 펄스 스캔을 많이 하며 스핀 전이 등 특별한 방법을 쓰면 쉽게 얻을 수 있다. 핵스핀 번호(I)가 $\frac{1}{2}$ 이상인 핵종의 경우에는 스펙트럼이 매우 폭이 넓게 나타나 해석이 어렵다. 그러나 특별한 방법을 쓰면 폭이 좁게 얻는 것이 가능하다. 핵스핀 번호(I)가 인 핵종의 경우 $+\frac{1}{2}$과 $-\frac{1}{2}$의 핵스핀 상태가 존재한다. 이 에너지에 해당하는 자기장을 걸어줌으로써 이 두 핵스핀 상태 간에 들뜸과 이완을 통해 핵자기 공명을 일으켜서 그 신호를 분석하여 스펙트럼을 얻는다. FT-NMR(Fourier Transform NMR)은 짧은 펄스로 주기적으로 조사되며, 이 FID(자유유도붕괴, free induction decay) 신호들을 변환하고 모아 명확하고 잘 분리된 스펙트럼을 얻을 수 있다.

3-2 적외선 분광분석(IR)

적외선(0.78~1000 μm 파장을 갖는 복사선)은 근적외선, 중간적외선, 원적외선으로 구분된다. 우리가 보통 측정하는 적외선 분광스펙트럼은 중간적외선(2.5~15 μm 파장 혹은 4000~670 cm^{-1} 파수를 갖는 복사선) 영역에서 측정하며, FT IR이다. C—O 단일 결합은 1000~1100 cm^{-1} 영역에서, C═O 이중 결합은 1700~1800 cm^{-1} 영역에서 흡수띠가 나타난다. C≡C 삼중 결합은 2100~2300 cm^{-1}에서 나타난다. C—H 신축진동은 방향성 물질의 경우 3000 cm^{-1} 이상에서, 지방족 물질의 경우 3000 cm^{-1} 이하에서 흡수띠가 나타난다. O—H 흡수띠는 3300~3500 cm^{-1} 에서 나타난다. 검정선(calibration curve)을 그릴 수 있는 경우 정량분석도 가능하다.

3-3 자외선-가시선 분광분석

Lambert-Beer 법칙에 따라 자외선 영역에서 시료의 흡광 위치

및 흡광도를 구하여 분석한다. 주로 자외선(200~380 nm)/가시선(400~800 nm) 영역을 아우르는 200~800 nm 영역에서 분석을 한다. 용매극성 정도에 따라 스펙트럼이 예민하게 반응한다. 발색단(chromophore, 불포화 결합을 가진 원자단을 의미함.)의 전이에너지에 따라 들뜸 에너지 크기가 정해진다. $\sigma \rightarrow \sigma^*$ 전이의 흡수극대는 자외선 영역에서 관찰되지 않는다. $n \rightarrow \sigma^*$ 전이의 흡수극대는 150~250 nm 자외선 영역에서 관찰되며, 물이나 에탄올과 같은 극성용매 중에서 더 파장이 짧은 쪽으로 이동한다. 이 영역에서 나타나는 작용기는 매우 한정되어 있다. $n \rightarrow \pi^*$ 와 $\pi \rightarrow \pi^*$ 전이의 흡수극대는 250~700 nm 영역에서 관찰되며, 이에 해당하는 들뜸 에너지를 가진 발색단이 있어야 한다. $n \rightarrow \pi^*$ 에 해당되는 봉우리의 몰흡광계수는 10~100 $Lcm^{-1}mol^{-1}$ 정도로 작으며, 용매의 극성이 증가할수록 청색 이동(blue shift, 단파장 이동)을 한다. 이에 비해 $\pi \rightarrow \pi^*$ 에 해당되는 봉우리의 몰흡광계수는 1,000~10,000 $Lcm^{-1}mol^{-1}$ 정도로 크며, 용매의 극성이 증가할수록 적색 이동(red shift, 장파장 이동)을 한다. 또한 발색단이 콘주게이션(conjugation, 공액)이 일어날수록 장파장 이동한다.

3-4 겔 투과 크로마토그래피

크로마토그래피 분석법은 1952년에 노벨상을 수상한 A. J. P. Martin과 R. L. M. Synge이 발견한 원리에 의해서 세상에 알려졌다. 고정상(혹은 정지상; 고체에 흡착된 액체)에 이동상(기체, 액체, 고체 형태를 띠며, 용매에 용해시킨다.)이 지나가면서 이동상과 정지상 사이의 분배에 의해 시료가 분리된다. 옛날에 분리된 띠들이 색을 띤다해서 크로마토그래피라 명명되었다. GPC는 HPLC(high pressure liquid chromatography)와 원리는 비슷하지만 정지상 지지층의 원리가 다르다. GPC 정지상의 지지층 입자들은 다공성이

어서 분자량이 작은 입자들은 구멍에 머무는 시간(retention time)이 길어서 늦게 나오며, 분자량이 큰 고분자 입자들은 구멍에 머물기 어려워 머무는 시간이 짧아서 일찍 나온다. 이에 비해 HPLC는 정지상의 지지층 입자들은 기공이 없으므로 분자량이 작은 입자들은 지지층 입자들 사이로 쉽게 일찍 나오며, 분자량이 큰 입자들은 지지층 입자들 사이로 쉽게 나올 수 없어 머무는 시간이 길어 늦게 나온다. GPC 사용 시 표준물질(일정한 분자량을 가진 고분자 물질로서 주로 polystyrene이 쓰인다.)의 분자량에 견주어 상대적 M_w와 M_n 및 M_w/M_n (PDI)을 구할 수 있다. 그러나 절대적 분자량은 빛산란법(light scattering method)을 사용하여 구할 수 있다. 이 외에 분자량 구하는 방법으로 시료의 점성을 이용하는 법, 확산을 이용하는 법, NMR 말단기 분석법 등이 있다.

3-5 시차주사 열량분석

순수한 유기 단분자의 경우 어는점(혹은 녹는점)을 쉽게 관찰할 수 있다. 그러나 고분자의 경우 분자량이 크고 분자 내 구조가 다양해서 녹는점을 관찰하기 어렵다. 고분자는 낮은 온도에서 비결정성 고체(유리, glass)로 존재하며, 온도가 올라가면 고무로 변하는데 이 온도를 유리전이온도(glass transition temperature, T_g)라고 하며, 대개 작은 2차곡선 형태로 나타난다. 고분자 고무를 더 가열하면 결정성이 커져서 고체 결정 성질을 가지므로 결정온도(crystallization temperature, T_m)가 관찰되기도 한다. DSC는 측정 온도를 증가함에 따라 물질 상변화가 결정 생성은 발열(exothermic) 혹은 결정 녹음은 흡열(endothermic) 피크로 나타난다.

3-6 열무게 분석(TGA)

보통의 유기 고분자는 분자구조와 분자량에 따라 차이가 다소 있지만 대개 300~500°C의 온도에서 분해되어 기체 혹은 낮은 끓는점 물질로 날아가므로 세라믹 잔여 수율이 0%에 가깝다. 이에 비해 무기 고분자는 대개 500~1000°C 이상의 고온에서 잔여물(산화물, 세라믹)을 남기므로 세라믹 잔여 수율이 5~80%로 높다. 처음 시료 무게를 100%로 보고 온도가 증가함에 따라 얼마나 무게 감량이 생기는가를 측정한다. 공기, 질소, 아르곤 하에서 경우에 따라 다른 기체 분위기 하에서 측정한다. 가교도가 높거나 열적 안정성이 높은 경우 무게 감량이 적게 일어난다.

3-7 X-선 회절분석(XRD)

1912년 von Laue가 발견한 X-선 회절(X−ray diffraction) 현상과 Bragg가 발견한 조건을 이용하여 시료의 결정상과 결정성을 측정하기 위해 X-선을 쪼여 회절하여 나오는 신호를 패턴으로 정성적/정량적으로 분석한다. 2θ값이 0~100도 정도로 넓은 범위를 분석하는 통상의 wide angle XRD와 0~40도 정도의 좁은 범위를 분석하는 small angle XRD가 있다. 결정의 확인은 미국 펜실베이니아에 소재한 국제회절데이터 센터(International Center for Diffraction Data)에서 제작한 분말회절 수집철에 내장된 데이터베이스화 자료를 사용하여 자동적으로 인식된다.

제 4 장

폴리실레인

MAIN GROUP ELEMENT
INORGANIC POLYMER

제 4 장 폴리실레인

4-1 세라믹 제조를 위한 전구물질로서 무기 고분자의 사용

무기 고분자의 많은 응용분야 중에 세라믹 전구체로의 사용이 두드러진다. 세라믹의 용도는 일반 소모품에서부터 첨단 기기까지 그 응용분야가 다양하다. 세라믹은 크게 산화성 세라믹과 비산화성 세라믹으로 분류된다. 규소(Silicon, Si)는 지각의 주요 구성 성분으로서 산소 다음으로 많이 존재한다. 이 규소는 자연 상태에서 여러 금속과 산소와 함께 결합하여 다양한 규산염(silicate, $xM^{1}_{2}O \cdot ySiO_2$)을 형성하기도 하고, 또한 여러 전기적 양성 원소들과 직접 결합하여 이성분 화합물인 규소화합물(silicides)을 만들기도 한다. 사실 규산염의 —Si—O가 단일 결합으로 있지 않고, Si=O와 같이 이중 결합으로 있었더라면 지구, 지구자기, 중력, 대기 및 생명체는 결코 존재할 수 없었을 것이다. 본고에서는 규소와 비금속간의 이성분 화합물 세라믹 중에서 특히 비산화성 세라믹인 탄화규소(SiC)와 질화규소

(Si_3N_4) 세라믹들의 제조 및 이들 세라믹과 금속간의 세멧(cermet) 제조에 국한하여 기술하기로 하겠다. 그 이유는 탄화규소와 질화규소 세라믹들은 고온에서 열적으로, 그리고 화학적으로 안정하고, 굳고 강도가 세므로 그 용도가 다양하기 때문이다. 그리하여 이들 세라믹들은 우주, 항공, 선박, 자동차, 미사일 등 방산 무기체계, 전기, 전자, 제철산업, 원자로사업, 선반-건축용 기계, 스포츠 제품의 제조에 널리 쓰이고 있다. 전통적으로 SiC는 규사와 코크스를 소금, 톱밥과 함께 전기로에서 고온 반응을 일으켜 제조하며, Si_3N_4는 규소 원소를 직접 질화시키거나 $SiCl_4$와 NH_3을 기상 또는 액상에서 반응시켜 얻는다. 이 방법으로 직접 제조된 SiC와 Si_3N_4는 연마제 등 대부분의 용도로서는 사용하기에 불편함이 없으나, 특별한 용도를 위해 이들 세라믹을 필름이나 섬유 형태로 제조하기 위해서는 가공하기 편리한 용해성 또는 용융성을 갖는 중간 물질을 거쳐서 고온 처리하여 제조하여야 한다. 그러므로 SiC와 Si_3N_4 세라믹의 제조를 위한 선구물질로서 최근에 많이 쓰이고 있는 유기규소 고분자들의 제조 및 열분해에 대해서 먼저 기술하기로 하겠다.

우선 유기규소 고분자가 적절한 선구물질이 되기 위해서는 그들의 제조를 위한 원료 단위체가 값싸고 쉽게 구할 수 있어야 하며, 분자 내 Si와 C의 조성 비율이 1:1에 가까워야 하고 중합 반응의 수율이 높아야 한다. 또한 유기규소 고분자는 가공하기 편리하도록 용해성 또는 용융성이 커야 하며, 경제적인 이유로 고온에서 세라믹으로 변할 때 세라믹 잔여 수율이 높아야 한다. 만일 유기규소 고분자 안에 Si와 C의 조성 비율이 1:1이 아니고 Si가 더 많을 때는 Si의 용융점이 1410°C이기 때문에 고온에서 세라믹 가공에 불리하다. 한편 C가 더 많을 때는 공기 중에서 열분해할 때 CO_x기체들로 방출되므로 세라믹 몸체에 균열이 가고 원래의 가공 형태가 유지되지 않는 등의 단점이 있다. 물론 유기규소 고분자 내 Si와 C의 조성 비율이 1:1이라 할지라도 많은 경우 열분해 과정 중 Si와 C 중 어느 한 부분이 더 많이 제거되어, 어느 한 쪽이 과량으로 세라믹 내에 잔류하게 될 수 있다. SiC와 Si_3N_4 세라믹은 일반적으로 1000°C 이상의 온도에서 제조되며 결정성 SiC와 Si_3N_4 세라믹을 얻기 위해서는 1200~1500°C 사이의 온도에서 열분해를 수행해야 한다. 1975년에 일본의 Yajima는 다음의 공정에 의해서 직경 18 μm SiC 세라믹 섬유를 세계 최초로 제조하는 데 성공하였다 (그림 4-1).

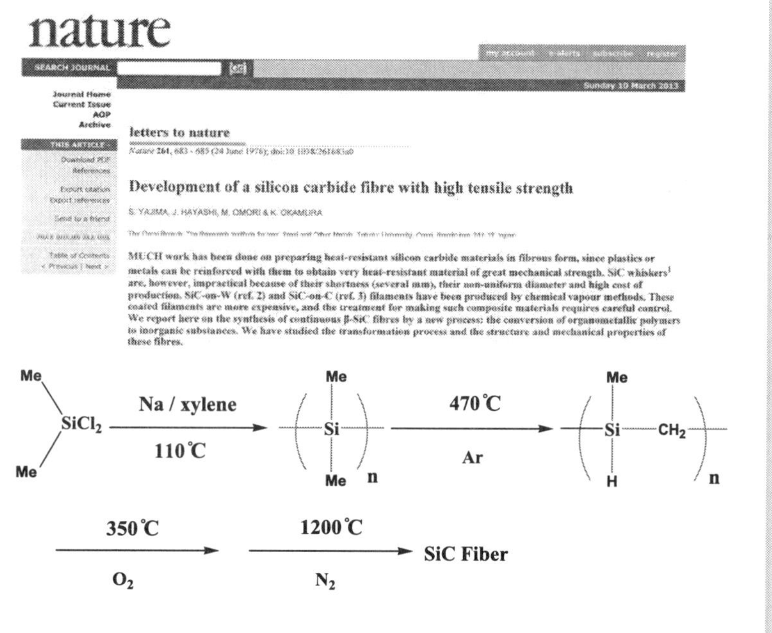
nature

SEARCH JOURNAL

Sunday 10 March 2013

Journal Home
Current Issue
AOP
Archive

letters to nature

Nature 261, 683 - 685 (24 June 1976); doi:10.1038/261683a0

Development of a silicon carbide fibre with high tensile strength

S. YAJIMA, J. HAYASHI, M. OMORI & K. OKAMURA

MUCH work has been done on preparing heat-resistant silicon carbide materials in fibrous form, since plastics or metals can be reinforced with them to obtain very heat-resistant material of great mechanical strength. SiC whiskers[1] are, however, impractical because of their shortness (several mm), their non-uniform diameter and high cost of production. SiC-on-W (ref. 2) and SiC-on-C (ref. 3) filaments have been produced by chemical vapour methods. These coated filaments are more expensive, and the treatment for making such composite materials requires careful control. We report here on the synthesis of continuous β-SiC fibres by a new process: the conversion of organometallic polymers to inorganic substances. We have studied the transformation process and the structure and mechanical properties of these fibres.

그림 4-1
SiC 세라믹 섬유의 제조를 위한 Yajima 공정을 발표한 네이처 논문과 공정 과정.

용융점이 97.8°C인 나트륨 (소듐, Na) 금속을 비점이 높은 비극성 방향족 xylene 용매에서 110°C 정도로 가열하여 용융 나트륨을 제조한다. 이 용융 나트륨을 환원제로 사용하여 디메틸디클로르실란($(CH_3)_2SiCl_2$)을 Wurtz 짝지움 반응시켜 디메틸 규소 고분자(polydimethylsilane, $[(CH_3)_2Si]_x$)를 합성한다. 생성된 디메틸 규소 고분자는 유기 용매에 녹는 환상 저중합체와 녹지 않는 결정성의 선상 고중합체의 혼합물이다. 이 혼합물 상태의 polysilane를 아르곤 기체 분위기에서 470°C 정도로 가열하면, 소위 Kumada 자리옮김 반응(Kumada rearrangement)에 의해 탄화규소 고분자

(polycarbosilane)가 변형된다. 이 Kumada 자리옮김 반응은 규소 라디칼과 탄소 라디칼들이 매개되어 일어나는 반응이다(그림 4-2).

그림 4-2
Kumada 자리옮김에 의한 규소 고분자의 탄화규소 고분자로의 변형.

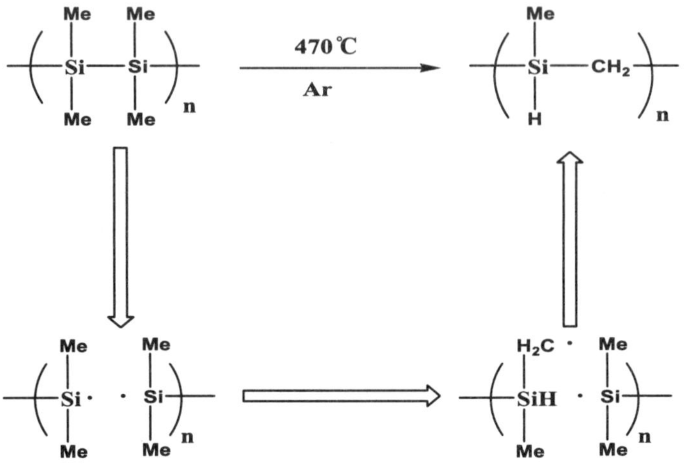

분자량 8000 정도의 이 탄화규소 고분자는 용융성과 용해성이 있고 섬유로 방추 가능하다. 다음으로 세라믹 잔여 수율을 증가시키기 위해서는, 탄화규소 고분자의 구조상으로 반응성이 큰 Si—H 결합을 고분자 주사슬에 가지고 있으므로 공기 중에서 350°C 정도로 가열하면 산소의 작용으로 규소 간에 다리 결합을 하여 분자량이 급격히 증가되며, 마지막으로 질소 분위기에서 1200°C 이상의 온도에서 열분해시키면 CH_4와 H_2 기체를 방출하면서 SiC 세라믹이 된다. 여기에서 생성된 SiC는 일반적으로 약간 과량의 탄소가 함께 섞여 있다. 그리고 중간물질인 탄화규소 고분자의 구조도 사실은 더 복잡하다고 알려져 있으며 또한 polysilane이 탄화규소 고분자로 변환될 때의 수율이 낮다. 이런 단점들을 보완하기 위해서 1992년에 Interrante는 값비싼 전구체를 사용하여 다음과 같은 다단계 공정을 거쳐 순수한 SiC을 얻는데 성공하였다(그림 4-3).

그림 4-3

고순도 SiC 세라믹을 얻기 위한 Interrante 공정.

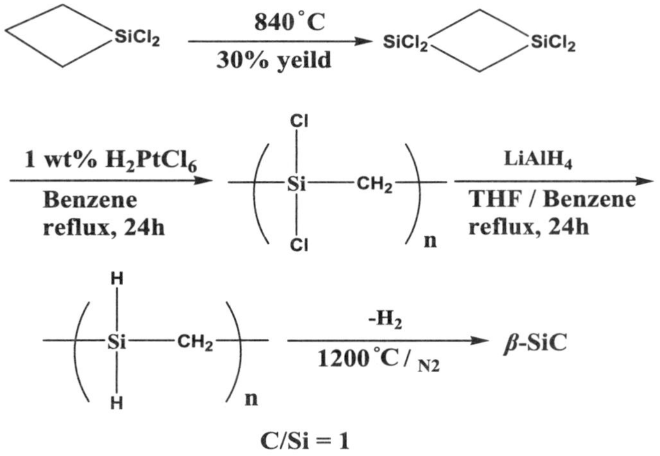

이 공정은 전이금속 착물 촉매를 사용하여 환상 단위체를 개환 중합하고 곧이어 $LiAH_4$로 환원시켜서 탄화규소 고분자를 만든 후 1200℃에서 열분해하여 높은 세라믹 수율과 높은 순도의 β-SiC를 합성하는 것이다. Interrante는 위에 사용한 cyclosilabutane 외에 최근에 allylhydridosilane을 전구체로 사용하여 수소화규소 첨가반응(hydrosilation)을 거쳐 열분해함으로써 순수한 SiC를 얻는데 성공하였다. 그러나 이 공정들은 다단계를 거쳐야 하고 또한 이 전구체들은 합성하기가 까다로워 값이 매우 비싸고 전략적 수출 금지 품목인 것이 단점이다. 그리하여 앞에서도 언급했듯이 유기규소 고분자 선구물질은 단위체의 값이 싸고 쉽게 구할 수가 있고 분자 내 Si와 C의 조성 비율이 1:1이며 중합 수율이 높고 반응성이 매우 큰 Si—H 결합을 가져야 하고 성형이 쉬워야 한다. 이런 조건에 부합되며 공기 중에서 발화성이 큰 polymethylsilane을 Seyferth와 Woo는 합성하였다(그림 4-4).

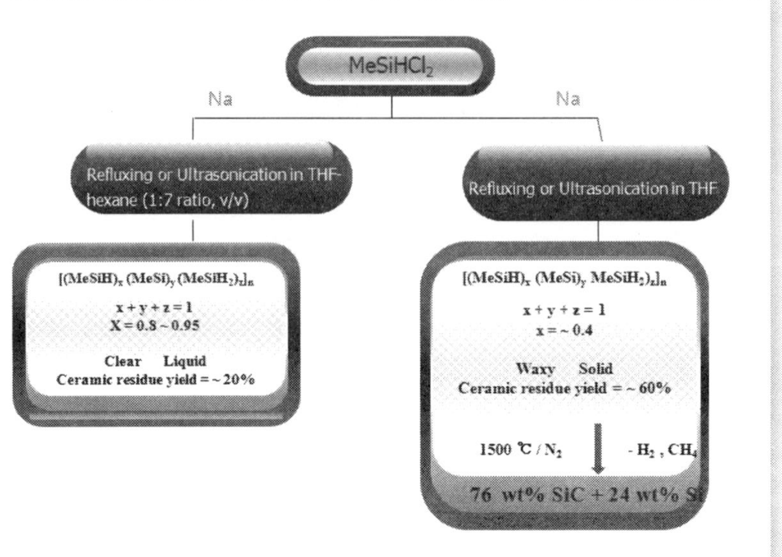

그림 4-4
Wurtz 짝지움 반응에 의한 polymethylsilane 저중합체의 합성.

여기서 Si—H 결합은 세라믹 잔여 수율 또는 세라믹의 순도를 높이기 위해서 탈수소 가교 반응 또는 수소화규소 가교 반응 등의 가교 반응을 위해 필요하다. 탈수소 반응은 Woo-Tilley-Harrod 등에 의해 개발되었나. THF:hexane(1:7)의 혼합 용매에서 반응하여 얻어진 점성 액체 상태의 polymethylsilane의 분자량은 약 700 달톤 정도로서 약간의 가교 반응이 일어난 것이며 세라믹 잔여 수율이 1000°C에서 약 60% 정도이다. 이들 세라믹들을 원소 분석해 보면, 76w%의 SiC와 24w%의 Si으로 구성되어 있다. 이것은 열분해 과정 중 약 1/4의 탄소 성분이 이 규소 고분자 주사슬에서 떨어져 날아간 것으로 생각할 수 있다. 그리하여 이 1/4의 탄소 성분을 이 선구물질 고분자에 붙여 두기 위해서는 유기금속 촉매를 이용한 탈수소 가교 반응 처리를 생각해 볼 수 있다(그림 4-5).

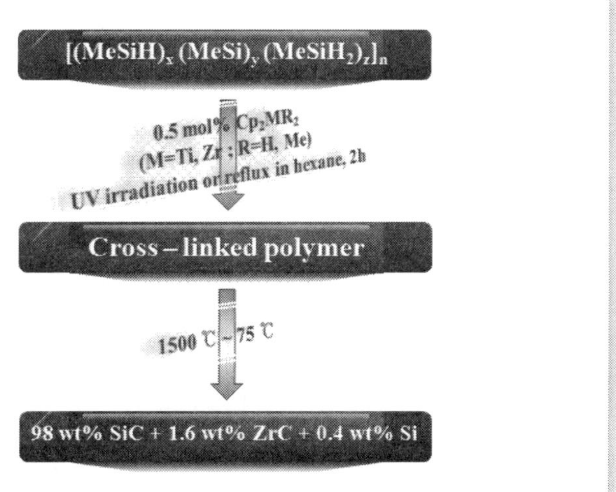

그림 4-5
전이금속 4족 촉매에 의한 polymethylsilane의 탈수소 짝지움 가교처리 후 열분해 반응 공정.

이 처리 과정을 거쳐 얻어진 polymethylsilane을 써서 세라믹 잔여 수율이 1500°C에서 75%이고 98% 순도의 SiC를 얻을 수 있다. 이와 같은 가교된 polymethylsilane은 다음과 같이 기체 상태의 methylsilane의 탈수소 중합에 의해서도 가능하다(그림 4-6).

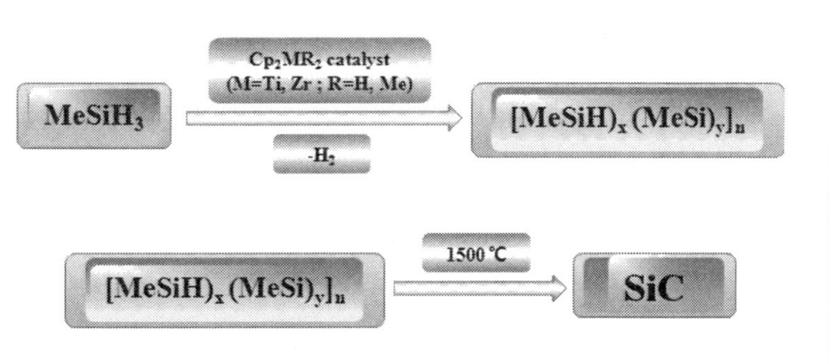

그림 4-6
전이금속 4족 촉매에 의한 $MeSiH_3$의 탈수소 중합 반응과 열분해 반응 공정.

그러나 이 방법은 $MeSiH_3$가 기체여서 다루기가 힘들고, 생성된 유기규소 고분자가 잘 녹지 않는 단점이 있다.

반응성이 큰 Si−H기가 있는 polymethysilane과 비닐기가 있는 polysilyacetylene을 적절한 비율(1:6)로 혼합한 후 AIBN 라디칼 개시제를 촉매로 하여 수소화 규소 첨가 반응을 시켜 하이브리드를 형성한 후 열분해하면 순수한 SiC를 얻을 수가 있다(그림 4−7).

그림 4−7

수소화규소 첨가 반응에 의한 고분자 혼성체 제조 및 열분해 반응.

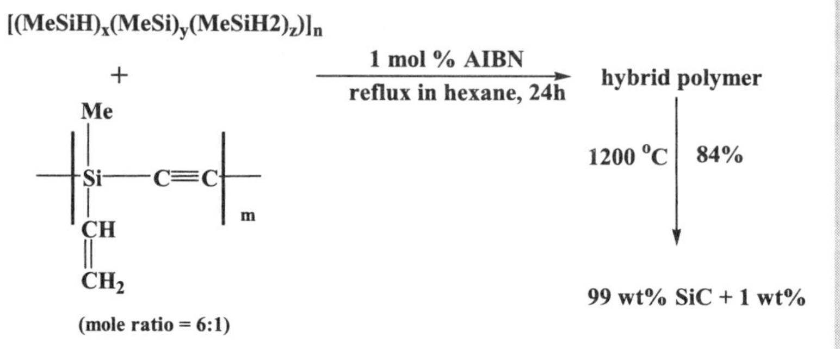

Polymethylsilane은 그 자체가 열분해시 76wt%의 SiC와 24wt%의 Si를 주고, polysilyacetylene은 50wt%의 SiC와 50wt%의 C를 주므로 적절한 비율로 섞어 결합시킨 혼성체(hydrid)를 만들어 순수한 SiC 제조를 위한 선구 물질로 사용 가능한 예라 하겠다. 한편 polymethylsilane은 공기 중에서 꽤 발화성이 크고 반응성이 크므로 그보다 반응성이 작은 주쇄가 탄소로 이루어진 poly(vinylsilane)도 선구물질로 가능하겠다. Polyvinylsilane, $[CH_2CH(SiH_3)]_n$은 $[CH_2CH(SiX_3)]_n$ (X=Cl, OR)을 $LiAlH_4$로 환원시켜 만들며, 이 실란 자체를 1500°C에서 열분해하면 39% 세라믹 잔여 수율로 94wt% SiC와 6wt% C가 얻어진다. 이 경우 4족 전이금속 촉매를 써서 탈수소 가교 반응 처리를 하면 80%로 세라믹 잔여 수율은 증가하지만, 순도는 89% SiC로 오히려 떨어진다.

Polymethylsilane과 poly(vinylsilane)은 자체 열분해 시 각기 25wt% Si와 6wt%의 C가 SiC와 함께 얻어지므로 이들 고분자들과 전이금속 분말 또는 전이금속 산화물 분말과 적절한 비율로 섞거나, 유기금속 착물들과 섞어서 혼성체를 만든 후 열분해하면 무기물과 금속의 혼합 세라믹인 세멧을 제조할 수 있다. 예를 들면, poly(vinylsilane)과 티타늄(Ti) 금속 분말을 섞은 후 1500°C 아르곤 분위기에서 열분해하면 TiC와 SiC가 3:2 비율로 섞인 세멧이 형성되며, 1000°C 암모니아 분위기에서 열분해하면 TiN과 SiC가 4:1로 섞인 세멧이 형성된다. 이들은 다양한 공구의 제조나 고온 고상 촉매로 쓰일 수가 있다. 이외에도 다양한 전이금속 분말들과 여러 유기규소 고분자들을 다양한 비율로 혼합한 후 열분해하면 주위 기체의 종류에 따라서 여러 다른 다양한 세멧을 제조할 수가 있다. 한편 polysilane을 탄화규소 고분자로 변형시켜서 열분해하면 총 세라믹 잔여 수윰이 떨어지고, 중간물질인 탄화규소 고분자의 구조도 정확히 알 수가 없으므로, polysilane보다는 구조를 정확히 알고 있는 탄화규소 고분자를 합성한 후 열분해하여 세라믹 잔여 수율도 올리고 순수한 SiC을 제조하려는 시도가 있다. 예를 들면, $MeSiH_2CH_2CH_2SiH_3$을 $(C_5H_5)_2TiMe_2$ 촉매로 상온에서 중합시키면, 입체 장해가 적은 1차 실란기인 말단의 SiH_3기가 먼저 수소를 방출하면서 용매에 녹는 분자량 1000 달톤 정도의 저중합체를 형성하며, 시간이 갈수록 그리고 온도를 올릴수록 2차 실란기인 $MeSiH_2$기가 중합이 진행되어 가교 반응이 일어나게 된다. 이 최종 중합물을 1200°C에서 열분해하면 73%의 세라믹 잔여 수율로 거의 99% 순도의 SiC가 생성된다.

다음으로 Si_3N_4 세라믹의 제조에 관해서 간단히 기술하겠다. Si_3N_4는 polymethylsilane을 암모니아 분위기에서 열분해해서 제조할 수도 있고, polymethylsilazane 선구물질을 제조한 후 열분해해서 제조할 수도 있다(그림 4-8).

그림 4-8
질화규소 세라믹 및 복합물의 제조공정.

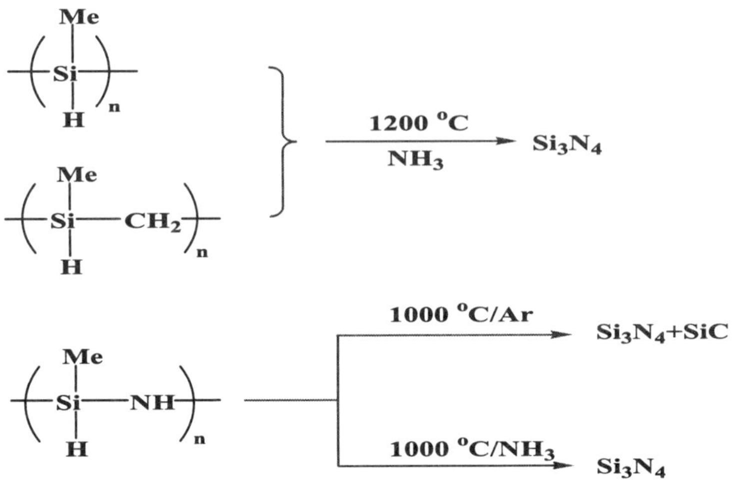

$$\left[\begin{array}{c}\text{Me}\\ |\\ \text{Si}\\ |\\ \text{H}\end{array}\right]_n,\quad \left[\begin{array}{c}\text{Me}\\ |\\ \text{Si}\\ |\\ \text{H}\end{array}-CH_2\right]_n \xrightarrow[NH_3]{1200\ ^{o}C} Si_3N_4$$

$$\left[\begin{array}{c}\text{Me}\\ |\\ \text{Si}\\ |\\ \text{H}\end{array}-NH\right]_n \xrightarrow{1000\ ^{o}C/Ar} Si_3N_4+SiC$$

$$\left[\begin{array}{c}\text{Me}\\ |\\ \text{Si}\\ |\\ \text{H}\end{array}-NH\right]_n \xrightarrow{1000\ ^{o}C/NH_3} Si_3N_4$$

Polymethylsilazane은 $MeSiHCl_2$와 NH_3을 ether 용매에서 반응시켜 합성하는데 생성된 polymethylsilazane의 세라믹 잔여 수율을 높이기 위해서 KH 또는 $(C_5H_5)_2TiR_2$ 등으로 가교시킨다. 이런 처리를 한 후 열분해하면 Si_3N_4가 생성되며 또는 금속 분말과 섞어서 열분해하면 Si_3N_4와 전이금속 질화물이 혼합된 세멧이 생성된다.

4-2 결론

신소재(고분자, 금속, 세라믹)는 기존의 재료와는 다른 우수한 특성과 새로운 기능이 있어 우리 인류 복지에 매우 중요하며 우리는 무한 생존 경쟁에 몰리고 있다. 이 중 무기 고분자는 유기 고분자의 단점을 보완하는 동시에 새로운 기능성을 가지므로 산업발전에 매우 중요하다. 다양한 무기 고분자의 응용분야 중 세라믹 전구체로의 사용은 첨단 산업 분야에 막대한 발전을 초래하였다. 특히 규소를 함유하는 비산화성 세라믹인 탄화규소(SiC) 및 질화규소(Si_3N_4) 세라믹은 그 산업적 용도가 다양하다. 일본인 Yajima가 SiC 세라믹 제조

기술을 특허출원한 후 바로 네이처지에 발표하였고, 후발국인 중국은 Yajima를 초청하여 온갖 것들로 회유하여 Yajima로부터 SiC 제조에 관한 기술을 배워 현재 우주산업에 이들 세라믹 기술들을 적용하고 있다. Yajima는 귀국 후 비판에 시달리다 자살로 생을 마감하였다. 세라믹 관련 기술들은 각국에서 보호하기 위해 이들 세라믹을 ER(export restriction)로 규제할 정도로 매우 중요한 물질이다. 규소 고분자는 원료 물질이 값싸고 중합 수율이 높아서 경제적이고, 분자 내 Si와 C 또는 N의 비율을 자유자재로 조정할 수가 있고, 용융성 또는 용해성이 있으므로 성형가공이 가능하며, 세라믹 잔여 수율을 증대시키기 위해서 여러 화학 반응에 의해 가교도 시킬 수가 있다. 열분해 조건에 따라서 SiC와 Si_3N_4 등 선택의 조절이 쉬우며, 금속과 섞어서 열분해함으로써 세멧도 제조할 수가 있다. 이런 종류의 연구는 신소재의 총아인 금속, 고분자, 세라믹 연구들이 함께 어우러진 종합 작품이라 할 수 있겠다. 여러 유형의 유기규소 고분자들을 다양하게 합성해서 그 열분해 과정을 좀더 면밀히 연구한다면 산업적 응용 가능성은 매우 크리라 기대된다.

제 5 장

실리콘-게르마늄계 무기 고분자의 합성법

MAIN GROUP ELEMENT
INORGANIC POLYMER

제 5 장 실리콘-게르마늄계 무기 고분자의 합성법

무기 고분자 중 실리콘계 주족 원소 무기 고분자는 폴리실레인(polysilane; Si−Si), 폴리실록세인(polysiloxane, silicone; Si−O), 폴리실라제인(polysilazane; Si−N), 폴리실라싸이에인(polysilathiane; Si−S), 폴리실라포스페인(polysilaphosphane, Si−P), 폴리카보실레인(polycarbosilane; Si−C) 등이 있다. 계르마늄계 주족 원소 무기 고분자로는 폴리저메인(polygermane; Ge−Ge), 폴리저목세인(polygermoxane; Ge−O), 폴리저마제인(polygermazane; Ge−N) 등이 있다. 이들의 합성법은 의외로 간단하다.

5-1 ▸ 폴리실록세인과 폴리저목세인의 합성법

에테르 용매에서 알킬 혹은 알릴기가 치환된 dichlorosilanes (R_2SiCl_2)과 물(H_2O) 혹은 2가 알코올(HO−R′−OH)과 반응시켜 폴리실록세인 $[(R)_2Si-O]_n$ 혹은 $[(R)_2Si-O-R'-O]_n$을 얻는다. dichlorosilanes(R_2SiCl_2) 대신 dichlorogermanes(R_2GeCl_2)을 사용하여 반응시키면 폴리저목세인 $[(R)_2Ge-O]_n$ 혹은 $[(R)_2Ge-O-R'-O]_n$을 얻는다. 3차 아민을 HCl 스폰지로 사용하여 HCl을 여과 제거한다. 폴리실록세인은 열분해 반응에 의해 고온에서 이산화규소(SiO_2) 세라믹으로 변환된다. 폴리저목세인은 열분해 반응에 의해 고온에서 이산화게르마늄(GeO_2) 세라믹으로 변환된다. 이산화규소(SiO_2) 세라믹은 실리카로 불리기도 하며, 지구 지각의 59%, 암석의 95% 이상을 차지한다. 결정구조에 따라 석영(가장 흔한 형태로서 강도 7 정도이며, 투명한 결정은 수정이라 부름), 트리다이마이트, 크리스토발라이트 등으로 불린다. 반수치사량(LD50)은 16g/kg으로서 소금 3g/kg에 비해 안전성이 우수하다. 폐에 진폐증을 야기시키는 것 외에는 큰 폐해가 알려져 있지 않다. 동식물 체내에 미량 존재하여 무기질 비타민으로 작용하며, 특히 벼과 식물의 왕겨에 많이 존재하여 곡식 낟알을 벌레와 균의 침입으로부터 보호한다. 유리, 광섬유, 실리콘 금속, 회전 숫돌, 주조틀, 내화물, 보석 제조의 원료로 사용된다.

5-2 폴리실라제인과 폴리저마제인의 합성법

에테르 용매에서 알킬 혹은 알릴기가 치환된 dichlorosilanes(R_2SiCl_2)과 과량의 1차 아민 혹은 암모니아 기체와 반응시켜 폴리실라제인 $[(R)_2Si-N(R')]_n$을 얻는다. 여기서 암모니아는 dry된 기체를 사용하여야 하며, 암모니아수를 사용하면 폴리실록세인이 얻어진다. dichlorosilanes(R_2SiCl_2) 대신 dichlorogermanes(R_2GeCl_2)을 사용하면 폴리저마제인 $[(R)_2Ge-N(R')]_n$을 얻는다. 여분의 암모니아 혹은 아민은 HCl 스폰지로 사용되며 HCl을 여과 제거한다. 폴리실라제인과 폴리저마제인은 열분해 반응에 의해 고온에서 각기 질화규소(Si_3N_4)와 질화게르마늄(Ge_3N_4) 세라믹으로 변환된다. 질화규소(Si_3N_4) 세라믹은 다이아몬드 다음으로 내마모성, 내식성, 내열 · 충격성이 강하다.

5-3 폴리실라싸이에인의 합성법

에테르 용매에서 알킬 혹은 알릴기가 치환된 dichlorosilanes(R_2SiCl_2)과 Na_2S 혹은 2가 싸이올(HS−R′−SH)와 3차 아민의 존재 하에 반응시켜 폴리실라싸이에인 $[(R)_2Si-S]_n$ 혹은 $[(R)_2Si-S-R'-S]_n$을 얻는다. 부산물로 NaCl 염 혹은 $ClHNEt_3$ 형태로 얻어진다.

5-4 폴리실라포스페인의 합성법

에테르 용매에서 알킬 혹은 알릴기가 치환된 dichlorosilanes(R_2SiCl_2)과 디클로로 포스핀 $PhPCl_2$을 소듐 금속의 환원작용으로 Wurtz 짝지움 반응으로 폴리실라포스페인 $[(R)_2Si-P(R')]_n$을 얻는다. 부산물로 NaCl이 얻어진다. 또는 $R'PH_2$와 $RSiH_3$와 탈수소 짝지움 반응시켜 얻을 수 있다. 이것은 캐나다 멕길대학교 화학과 John F. Harrod 교수와 전남대학교 화학과 우희권 교수가 함께 1998년에 개발한 방법으로서 sigma bond metathesis에 의해 중합 반응이 진행됨이 세계적으로 공인되었다.

5-5 폴리카보실레인의 합성법

높은 끓는점을 가지는 비극성 용매인 톨루엔 혹은 자일렌 용매에서 dimethyldichlorosilanes($(CH_3)_2SiCl_2$)을 소듐 금속(Na)의 환원작용에 의한 Wurtz 짝지움 반응으로 폴리실레인 $[(CH_3)_2Si]_n$을 얻는다. 이것을 아르곤 기체 하에서 450°C에서 가열하면 Kumada 재분배 반응에 의해 폴리카보실레인 PCS $[(CH_3)Si(H)-CH_2]_n$을 얻는다. 폴리카보실레인은 공기 중에서 가교시킨 후에 열분해 반응에 의해 고온에서 탄화규소(SiC) 세라믹으로 변환된다.

5-6 폴리실레인과 폴리저메인의 합성법

높은 끓는점을 가지는 비극성 용매인 톨루엔 혹은 자일렌 용매에서 알킬 혹은 알릴기가 치환된 dichlorosilanes(R_2SiCl_2)을 소듐 금속(Na)의 환원작용에 의한 Wurtz 짝지움 반응으로 폴리실레인 $[(R)_2Si]_n$을 얻는다. 또는 Cp_2MH_2 (Cp = η^5−cyclopentadienyl) 촉매작용 하에 $RSiH_3$의 탈수소 짝지움 반응시켜 $[(R)SiH]_n$을 얻을 수 있다. 이것은 버클리대학교 화학과 T. Don Tilley 교수와 전남대학교 화학과 우희권 교수가 함께 1986년에 개발한 방법으로서 sigma bond metathesis에 의해 중합 반응이 진행됨이 세계적으로 공인되었다. 이것은 열분해 반응에 의해 고온에서 탄화규소(SiC) 세라믹으로 변환된다. Dichlorosilanes(R_2SiCl_2) 대신에 dichlorogermanes(R_2GeCl_2)을 사용하면 폴리저메인 $[(R)_2Ge]_n$을 얻는다. 폴리실레인은 열분해 반응에 의해 고온에서 탄화규소(SiC) 세라믹으로 변환된다. 탄화규소(SiC) 세라믹은 실리카와 저유황 코크스를 반응시켜 얻기도 한다. 즉, $SiO_2 + 3C = SiC + 2CO$와 같이 생성된다. 탄화규소 세라믹은 입방 결정구조를 갖는 β상(1400~1800°C의 온도범위에서 안정)과 육방 결정구조를 갖는 α상(2000°C 이상의 온도에서 안정)이 존재한다.

제 6 장

폴리보라진

MAIN GROUP ELEMENT
INORGANIC POLYMER

제 6 장 폴리보라진

비산화성 세라믹스 중의 하나로서 질화붕소(BN)는 여러 가지 유용한 특성으로 인해 1950년대 이후 상업적으로 이용되어 왔으나 다른 세라믹에 비해서 낮은 소결성으로 인한 가공의 어려움으로 폭넓게 응용되지 못하였다. 기존의 고온 분말 공정에서 생산된 질화붕소는 섬유나 코팅, foam, 그리고 복합재료 등으로의 이용이 큰 제한을 받아왔다. 1975년대 중반 Yajima가 소위 Yajima 공정을 통하여 polydimethylsilane을 화학적으로 변형시켜 고분자 전구물질을 만든 후 열분해하여 직경 18μm의 탄화규소(SiC) 세라믹 섬유를 세계 최초로 제조한 후로, 가공성이 매우 우수한 고분자 전구체로부터 여러 가지 형태의 세라믹스를 제조하려는 많은 연구들이 진행되었는데, 질화붕소의 고분자 전구체로서 연구된 것은 그림 6-1과 같은 보라진 고리를 포함하는 폴리보라진(Polyborazine)이다.

그림 6-1
보라진의 구조.

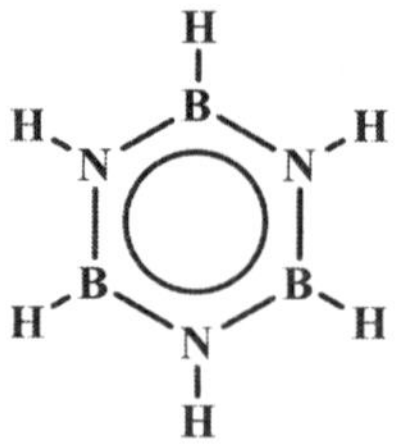

본 장에서는 질화붕소의 전구체로서 사용될 수 있는 보라진 고분자에 대해 정리하였다.

6-1 보라진 고리가 주쇄를 이루는 고분자

보라진 고리가 고분자 주쇄를 구성하는 고분자는 그림 2와 같이 두 종류로 분류될 수 있는데 첫째는, (a)와 (b)처럼 보라진 고리가 붕소-붕소 또는 붕소-질소 결합을 통해서 직접 연결되어, 폴리페닐렌과 유사한 구조를 가지는 고분자이고, 다른 하나는 보라진 고리들이 원자 또는 관능기나 spacer 그룹을 통하여 연결된 형태이다(그림 6-2).

그림 6-2
보라진 고리가 주사슬을 이루는 고분자의 몇 가지 유형.

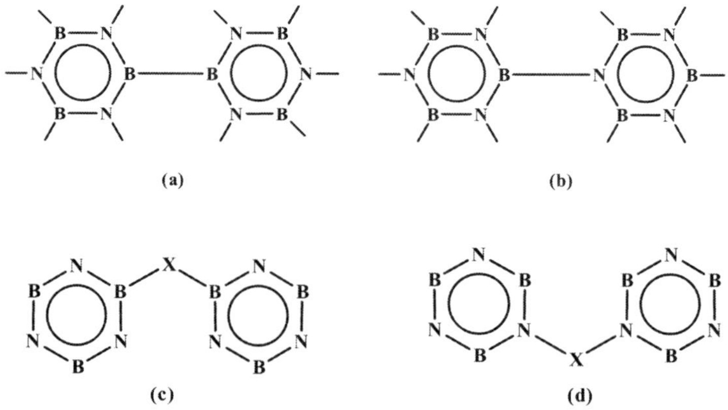

(a) (b) (c) (d)

6-1-1 폴리페닐렌 형태의 폴리보라진

초기의 폴리보라진(Polyborazylene)의 합성은 보라진으로부터 직접 합성되었다. 1920년대 중반 보라진을 500°C에서 열분해하면 실험식이 BNH인 불용성 고체가 형성된다고 보고되었는데, 1950~1960년대에 들어서야 BNH 고체는 가교된 그물망 구조를 가지고 있으며, 보라진이 열분해되어 biphenyl 형태와 ($B_6N_6H_{10}$) naphthalene 형태 ($B_5N_5H_8$)의 두 종류 중간체를 형성하는 것으로 밝혀졌으며 최근 질량분석법에 의해서도 확인되었다. 이는 벤젠이 열분해되면 biphenyl 형태의 중간체만을 형성하는 것과 대조되는 현상으로서 보라진은 개환 반응 메커니즘을 통하여 두 고리가 fused-ring으로 변환되는 것으로 추측되고 있다.

1990년 펜실베이니아 대학의 Sneddon 그룹은 보라진의 탈수소 짝지움 반응에 의해 자체 중합을 일으켜 용해성 보라진 고분자를 얻었다. 보라진을 진공 하에서 70°C로 가열하면 수소기체가 발생하면서 짝지움 반응이 일어나고, 최종적으로 교반이 불가능할 정도의 고점도를 가지는 고분자 물질이 된다. 휘발성분을 감압 증류하여 제거하면 약 90% 수율의 백색 보라진 고체 고분자가 얻어진다. 전형적인 반응은 그림 6-3과 같다.

그림 6-3
폴리보라진의 합성.

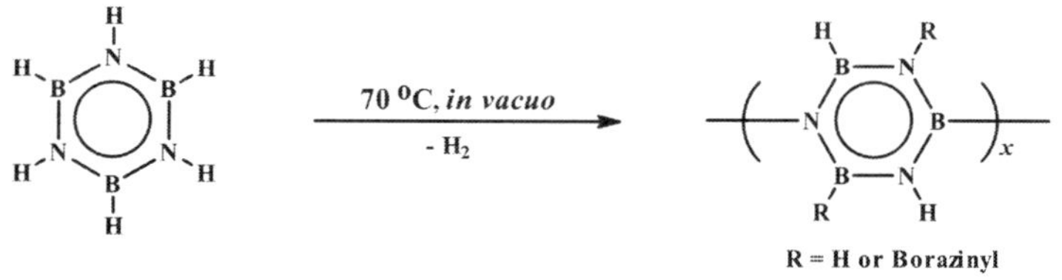

이런 방법으로 합성된 고분자는 대부분이 극성 용매에 매우 잘 용해되고, 평균 분자량은 크기 배제 크로마토그래피(SEC)와 Low

Angle Laser Light Scattering (LALLS)로 측정 결과, M_w = 7600 g/mol, M_n = 3400 g/mol이었다. 평균 분자량은 반응 시간에 따라 큰 차이를 보이는데 좀더 짧은 중합시간에서는 낮은 평균분자량을 가지는 점성의 액상 고분자를 얻는다. 예를 들면, 24시간의 중합시간에서는 M_w = 2100, M_n = 980이다. 이 고분자의 원소분석에 의하면 보라진 고분자의 실험식인 ~ $B_3N_3H_3$와 거의 일치하였는데(선형 폴리포라진 = $B_3N_3H_4$) 이는 고분자가 완전한 선형구조가 아니고 부분적으로 가교되거나 가지를 가지는 구조를 가지는 것으로 생각할 수 있다. Branching의 증거는 또한, SEC/LALLS/UV 연구에서 밝혀졌다. 이 고분자의 자세한 구조연구는 아직 되어 있지 않았지만, 고분자 정제를 위해 휘발성 물질의 제거과정에서 이합체 (1:2′-$(B_3N_3H_5)_2$)와 borazanaphthalene ($B_5N_5H_8$)이 분리되었는데, 이것으로부터 고분자는 선형, 가지형, fused 사슬부분이 있는 좀더 복잡한 구조를 가지고 있는 것으로 예상되었고, 좀더 많은 연구가 필요하다.

높은 중합수율, 조성, 놀라운 용해성 때문에 polyborazylene은 질화붕소의 이상적인 고분자 전구체임을 알 수 있다. 실제로, polyborazylene의 열분해 연구에 의하면 온도와 시간에 따라서 수소가 점점 제거되면서 가교 반응이 일어나 비용해성 고분자가 되며 1100°C까지 오직 10% 미만의 무게 감소만이 일어난다. 이는 B−H와 N−H peak가 열처리 온도에 따라 감소하는 그림 4−2의 IR분석 결과와 일치한다. 또한 polyborazylene 고분자 분말을 XRD로 분석하여 보면 질화붕소의 XRD 패턴과 동일한 비정형 상이 관찰되는데 이는 고분자 내에 질화붕소의 층상구조가 이미 생성되어 있음을 의미한다(그림 4−3). 이는 가까이 있는 고분자간 탈수소 짝지움 반응에 의해 2차원적인 가교 반응이 초기에 일어나고 열처리 온도가 높아짐에 따라 아직 배열되지 않은 부분들의 수소가 제거되면서 turbostratic 구조를 이루고 결국에는 흑연과 같은 3차원적 층상 결정구조가 되는 것으로 생각할 수 있다. 이 결정성 질화붕소는 실제로 약 500nm의 결정과 결정 경계 사이에 존재하는 비결정질의 혼합상으로 열처리 온도에 따른 결정 크기, 분포 의존성, 미세구조, 기타 물성(전도도, 경도) 등이 달라진다. Polyborazylene의 열분해에 의한 질화붕소 형성 메커니즘은 그림 6-4와 같다.

그림 6-4
Polyborazylene의 열분해에 의한 질화붕소 형성 메커니즘.

70 °C / 48 hr

400 °C / 2 hr

$-H_2$

1200 °C / 12 hr

BN 세라믹스

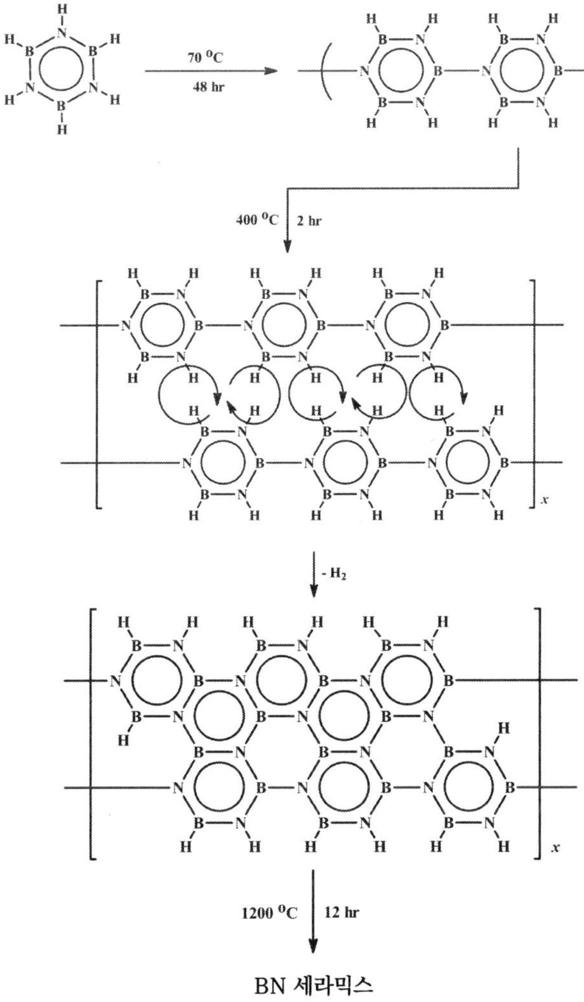

보라진 고분자는 질화붕소와 유사한 조성과 높은 고분자 합성 수율, 우수한 용해성 등 질화붕소의 전구체로서 유리한 물성을 가지고 있을 뿐만 아니라 고순도 질화붕소가 1200°C의 불활성 기체 또는 암모니아 기체 하에서 85~93%의 높은 수율(이론 세라믹 수율 = 95%)로 얻어지므로 수축률이 최소화될 수 있어 성형체의 형태 유지가 용이하게 된다. 한편, 보라진 유도체의 반응에 의해서도 polyborazylene 고분자를 합성할 수 있다. 예를 들면 N-lithio pentamethylborazine과 B-chloropentamethylborazine의 반응은 decamethyl-N,B-diborazine과 LiCl을 형성하는데, 이러한 반응을 확장하여 polyborazylene을 합성할 수 있다(그림 6-5).

그림 6-5
보라진 이중체의 합성.

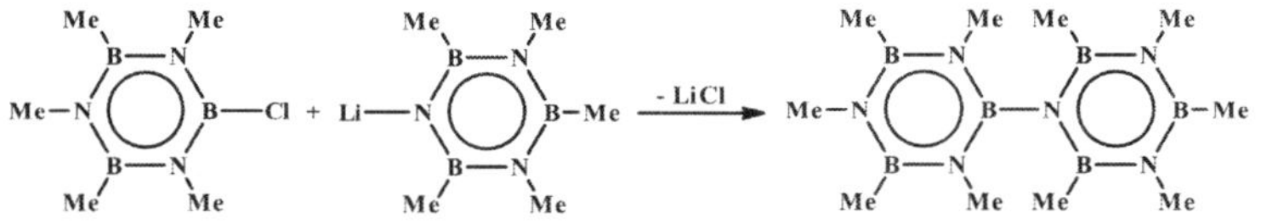

하지만 이런 방법에 의해 합성된 고분자는 낮은 세라믹 수율과 열분해 후 생성되는 세라믹에 과량의 탄소가 포함되는 등 많은 단점이 있어 크게 관심을 끌지는 못했다. 최근에 Nisdenzu는 $Et_3B_3N_3H_2(SiMe_3)$와 B-chloroborazine을 반응시켜 trimethylsilyl halide의 제거에 의해 몇가지 새로운 알킬기가 치환된 보라진 이합체, 삼합체의 합성을 보고하였다(그림 6-6).

그림 6-6
알킬기가 치환된 보라진 이합체, 삼합체.

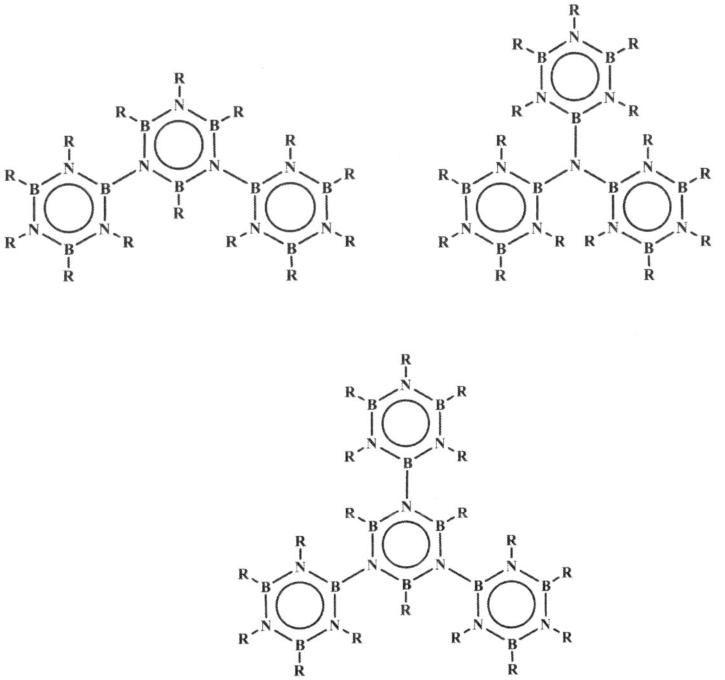

이 보라진들은 제거 반응과 관련된 연구를 통해서 흥미로운 새로운 보라진 고분자를 합성할 수 있을 것으로 보인다. Wurtz 짝지움 반응을 이용하여 보라진 고분자를 합성할 수도 있다. 클로로보라진과 알칼리 금속을 반응시키는 방법인데, 최근에 Shore 등은 트리클로로보라진과 세슘(Cs) 금속을 125℃에서 반응하여 난용성 고분자를 합성하였고 때때로 관상(tubular) 형태가 얻어지기도 하는데 이 구조는 열처리에 의해 질화붕소 세라믹으로 전이 시에도 유지되는 것으로 보고되었다.

6-1-2 Linked-Ring Polymers

Bridging group으로 보라진 고리를 연결하여 다양한 구조의 보라진 고분자를 합성하는 방법으로 1960년 초기에 B-aminoborazine의 탈아민화 반응을 이용하여 난용성의 bis-borazinyl amine을 합성하였으나 70년대 중반 일본의 Taniguchi는 ($[NH_2]BNPh)_3$를 사용하여 용융성 고분자를 합성하고 이로부터 섬유를 제조하였다. 90년대에 들어서 Pacior와 Paine 등은 본격적으로 가공성이 좋고 최소의 유기치환기를 가진 보라진 고분자의 합성을 시도하였다. B-tris(dimethylamino)borazine의 −78℃ 용액을 과량의 암모니아로 aminolysis시키면 가교 반응이 상당히 진행되어 유기 용매에 불용성인 고분자가 합성된다. B-chloroborazine과 disilazane의 반응에 의해 형성된 고분자는 90년대에 들어서 정밀 분석되고 있으며 그 용해도는 붕소나 질소에 결합된 유기 그룹에 의존하는 것으로 알려져 있다(그림 6-7).

그림 6-7
폴리보라진의 합성.

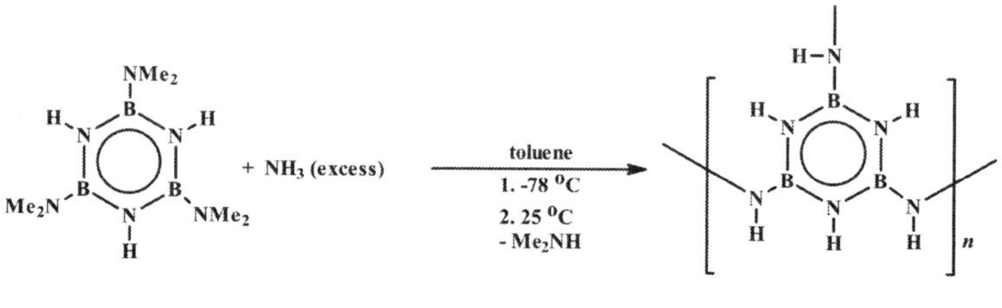

$$B_3N_3H_3(NMe_2)_3 + NH_3\ (excess) \xrightarrow[\text{1. -78 °C; 2. 25 °C; - }Me_2NH]{toluene} [\ B_3N_3H_3(NH)(NHH)\ ]_n$$

또한 Kimura는 상온에서 ($[Et_2N]BNH)_3$를 액체 암모니아로 처리하여 결정성 고체인 ($[NH_2]BNH)_3$를 합성하였고, 120℃에서 탈아민화 반응에 의해 약간 용해성이 있는 고분자를 얻었다. 이 고분자의 합성과정은 그림 6-8과 같다.

그림 6-8
탈아민화 반응에 의한 폴리보라진의 합성.

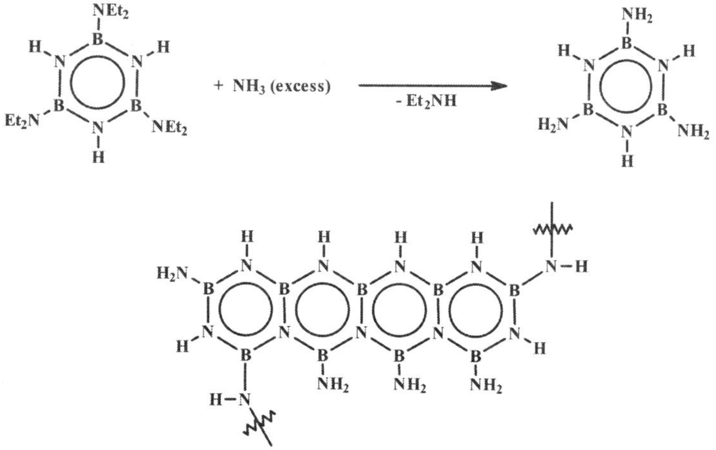

Bridging group X를 통해 보라진 고리가 연결되어 형성된 고분자를 정리하면 그림 6-9와 같다.

그림 6-9
Bridging group X로 연결된 보라진 고분자.

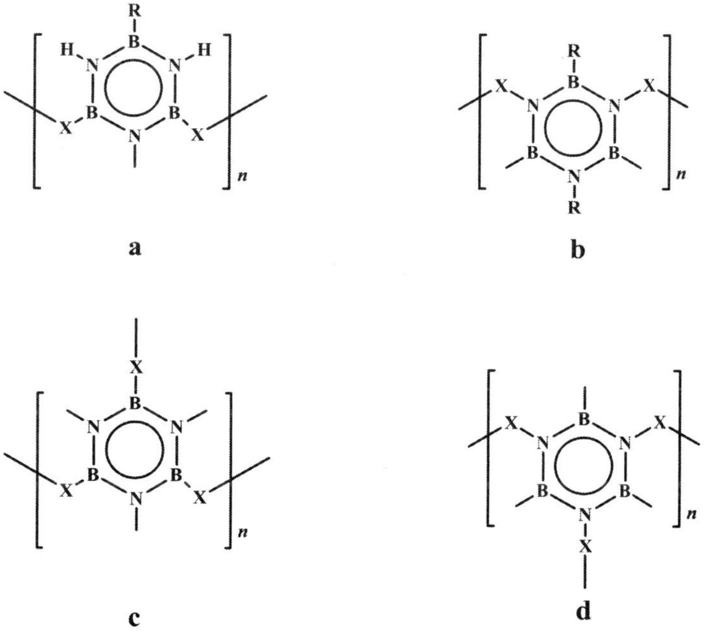

그림 6-9에서 제시된 보라진 고분자 중 거의 대부분의 연구가 a, c에서 보는 바와 같이 bridging group이 붕소 원자를 통해 연결된 고분자에 집중되었다. Lappert는 1959년 최초로 bridging group X=NR를 통한 보라진 고리의 결합을 가지는 고분자를 보고하였고, 1960년 ~ 1970년 동안 이와 관련된 수많은 연구들이 수행되었으나, 낮은 용해도에 기인하여 고분자 구조에 대해 적절히 규명되지는 못하였다. 1978년 Meller와 Fullgrabe는 간단히 hexamethylsilazane(HMDS)와 2-alkyl-4,6-dichloro-1,3,5-trimethylborazine을 1 : 1의 몰비로 반응시켰다. NMR과 질량분석법으로 분석한 결과 4, 5개의 보라진 고리로 구성된 고리형 소중합체임을 확인하였다 (그림 6-10).

그림 6-10
HDMS/Borazine system을 이용한 폴리보라진의 합성.

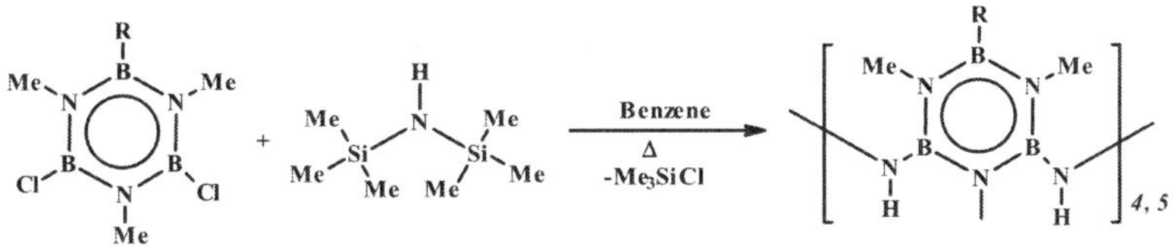

HMDS/borazine system을 이용한 보라진 고분자 합성의 또 다른 예로는 HMDS와 B-chloroborazine을 반응시키는 것이다. HMDS/borazine을 2 : 1 또는 1 : 1의 몰비로 반응시키면 유기 용매에 녹지 않는 가교된 고분자가 생성된다. 이 고분자를 액체 암모니아로 처리하면 가교 결합이 끊어져서, 건조시키면 유기 용매에 녹는 고분자로 변화되어 섬유나 코팅, 건조젤, 에어로젤, 에어로졸 등 여러 가지 형태로 가공할 수 있고 열분해에 의해 질화붕소로 변화될 수 있다. 그림 6-9에서 c와 같은 three-point poly(borazinylamine)의 열분해 반응은 TGA, thermal decomposition Mass, 그리고 isotope distribution 분석으로 연구되었다. 고체상태의 decomposition과 lamellar의 상세한 구조는 밝혀지지 않았지만, 열분해 반응 초기 단계의 메커니즘은 그림 6-11과 같다.

그림 6-11
Three-point poly(borazinylamine)의 열분해 반응 메커니즘.

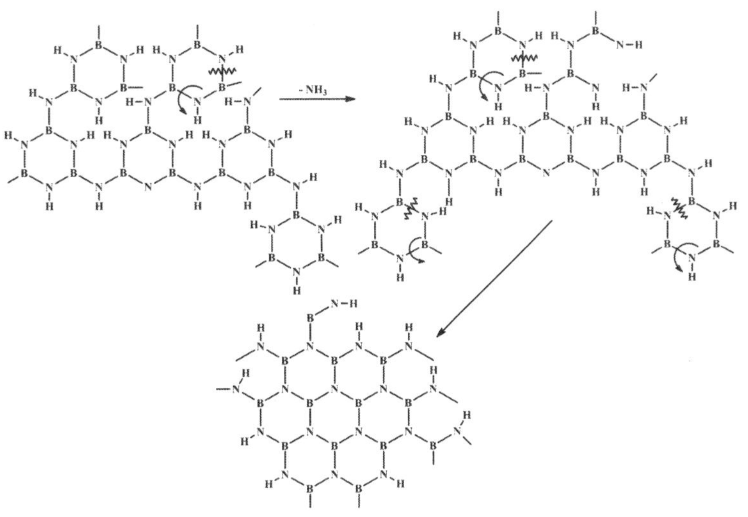

6-2 Borazine Pendant Group Polymer

최근에 연구가 시작되고 있는 borazine pendant group을 가진 고분자는 중합이 될 수 있는 관능기를 보라진 고리에 도입하여 자체 중합하거나 기존의 고분자 사슬에 보라진 고리를 결합시키는 방법에 의해 합성되어진다. Penn 등은 폴리에틸렌 사슬에 교대로 보라진 고리가 매달려 있는 폴리스타이렌과 유사한 구조를 가진 보라진 고분자인 폴리비닐 고분자를 연구하였다. 이 고분자는 보라진 고리의 붕소 원자에 비닐기가 결합된 B-vinylborazine 단위체로부터 합성되어진다. B-vinylborazine은 보라진과 아세틸렌 가스를 로듐촉매하에서 반응시켜 합성된다(그림 6-12).

그림 6-12
비닐 보라진 모노머의 합성과 라디칼 중합.

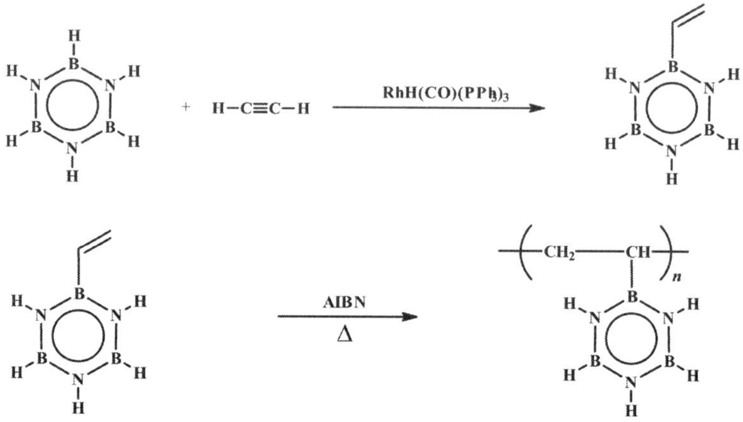

이 B−vinylborazine은 AIBN과 같은 라디칼 중합개시제에 의해서 쉽게 폴리비닐보라진 고분자를 생성할 수 있는데, 125°C의 벤젠 용매, 1.6 mole% AIBN에서 20시간 동안 반응하여 벤젠과 에틸에테르와 같은 유기 용매에 완전히 용해되는 흰색 고체 고분자를 얻을 수 있다. 이러한 방식으로 얻어진 고분자의 평균분자량은 SEC/LALLS의 분석 결과 M_w = 18000, M_n = 10700이었다. 이 고분자를 열분해하면 세라믹으로 전이되는 열분해 조건에 따라, 높은 탄소 함량의 복합 세라믹으로부터 순수한 질화붕소에 이르기까지 다양한 조성의 세라믹을 제조할 수 있다. 순수한 질화붕소의 제조에 대한 가장 좋은 결과는 암모니아 기체 기류에서 열분해에 의해 이루어졌는데, $B_{1.00}N_{1.01}C_{0.006}H_{0.04}$의 조성을 가지는 흰색의 결정성 질화붕소 고체를 얻을 수 있었다. 한편, 보라진 고리를 포함하는 무기−유기 혼성 복합체를 합성하는 연구로서 B−vinylborazine과 styrene을 위와 동일한 조건에 반응시켜 공중합체 poly(styrene−*co*−B−borazine)을 합성하였다(그림 6−13).

그림 6-13
비닐 보라진과 스타이렌과의 라디칼 공중합.

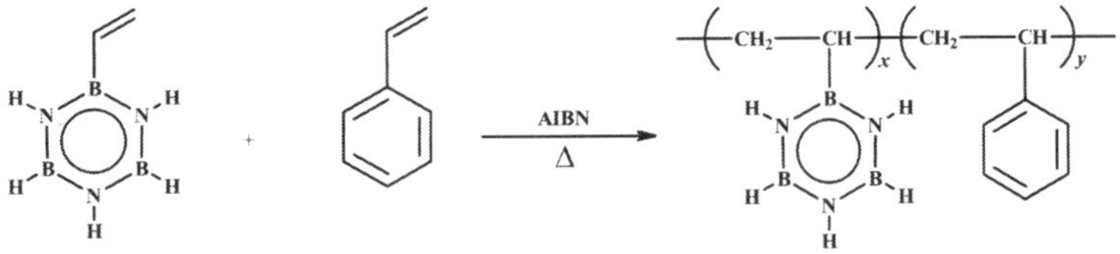

단위체와 개시제의 양을 조절하여, styrene의 비율이 10 ~ 90%이고, 평균 분자량이 1000 ~ 1000000인 고분자를 합성할 수 있다. B-vinylborazine과 비닐 단위체의 공중합에 의한 무기-유기 혼성 복합체의 합성과, 물성, 그리고 이용에 대한 많은 연구들이 최근 진행되고 있다. 보라진이 매달린 또다른 종류의 고분자는 borazine-modified hydridopolysilazane이다. polysilazane은 silicon nitride (Si_3N_4) 또는 silicon carbonitride($Si_xC_yN_z$)의 고분자 전구물질이다. Polysilazane의 구조를 보라진을 이용하여 화학적으로 변형시켜 붕소를 포함하는 새로운 세라믹스인 SiNCB의 고분자 전구체로 이용할 수 있는데, 보라진에 의한 변형된 polysilazane 고분자가 borazine-modified hydridopolysilazane이다. hydridopolysilane과 보라진을 70°C에서 반응시키면 polysilazane의 질소 원자와 보라진의 붕소가 반응하여 규소-질소 고분자 주쇄에 보라진이 매달려 있는 구조를 가지는 고분자를 합성할 수 있는데 합성된 고분자는 열적 안정성이 크게 개선된다 (그림 6-14).

그림 6-14
보라진과 polysilazane과의 공중합.

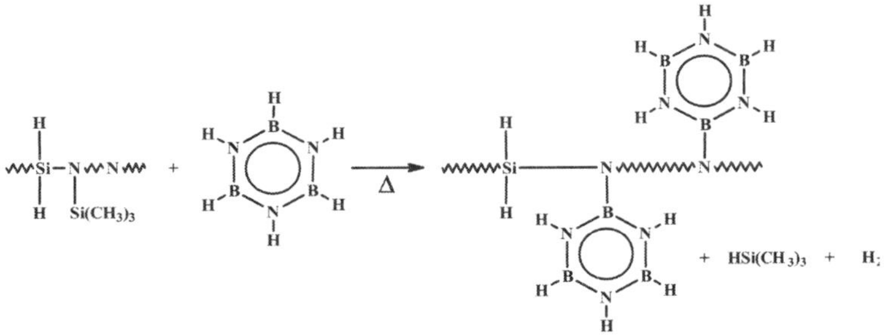

보라진으로 변형되기 전의 polysilazane을 열분해시켰을 때의 세라믹 수율은 57%인 데 반해 변형된 고분자의 경우, 열분해 시 보라진 고리가 가교 반응을 활성화시켜 1400°C에서 약 70% 수율의 SiNCB로 전이되었다. 또한 polysilazane의 붕소 성분은 세라믹에 남아서 Si_3N_4의 결정성을 감소시켜 고온의 물성을 향상시키는 효과가 있다고 알려져 있다.

제 7 장

폴리포스파젠

MAIN GROUP ELEMENT
INORGANIC POLYMER

   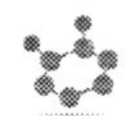 

제 7 장 폴리포스파젠

7-1 서론

폴리포스파젠은 무기 고분자의 연구와 기술에 있어서 폴리보라진을 능가하여 가장 빠른 발전을 보이는 기능성 고분자 재료이다. 폴리포스파젠의 일반적인 분자 구조는 다음 그림 7-1와 같다.

그림 7-1
폴리포스파젠의 구조.

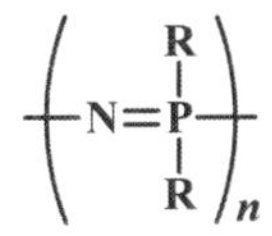

$$\left(-N=\overset{R}{\underset{R}{\overset{|}{\underset{|}{P}}}}- \right)_n$$

고분자 주쇄는 질소와 인의 이중 결합이 교대로 배열되어 있고, 각각의 인 원자마다 두 개의 치환기(R)를 가지고 있다. R은 알콕시,

알릴옥시, 아미노, 알킬, 알릴, 심지어 무기 또는 유기금속과 같은 다양한 치환체가 인 원자에 연결될 수 있다. 폴리포스파젠은 1960년대 중반부터 H. Allock 등을 중심으로 연구되어온 이후로 현재까지 300가지 이상의 폴리포스파젠이 합성되었다. 그중 몇 가지가 상업화되었으며, 최근에는 폴리헤테로포스파젠 등의 등장으로 새로운 전기를 맞이하고 있다. 이들 고분자의 중합도는 일반적으로 10,000~15,000 또는 그 이상으로서, 합성 방법에 따라 수천에서 수백만에 이르기까지 다양한 분자량의 고분자를 얻을 수 있다.

폴리포스파젠의 중요한 특성 중의 하나는, 유연한 주쇄와 더불어 다양한 치환체의 도입에 의해서 고분자의 물리화학적 특성을 크게 변화시킬 수 있다는 것이다. 보라진은 주로 세라믹 연구에 치중하여 있으나 폴리포스파젠은 구조적 특성으로부터 나타나는 액정현상, 전기적 광학적 특성, 생체재료, 약품 전달체, 비선형 광학, 광발색, 촉매, 세라믹, 전기 발광, 포토레지스트, 홀로그래피 재료 등의 광범위한 분야에서 활발한 연구가 진행되고 있다.

7-2 폴리포스파젠의 합성

폴리오르가노포스파젠의 합성은 일반적으로 헥사클로로시클로트리포스파젠$(NPCl_2)_3$,을 열개환중합하여 폴리디클로로포스파젠, $(NPCl_2)_n$,을 제조한 후 염소 원자를 알콕시, 아릴옥시, 아민, 또는 유기금속 화합물 등의 친핵체로 치환시키는 고분자 치환법에 의해 이루어진다. 이외에도 유기 치환체를 갖는 고리 삼합체의 개환중합, N−silylphosphoranimine의 축합중합, 슈타우딩거 반응에 의한 축합중합, 그리고 P, N 이외의 원소를 고리에 도입시킨 헤테로 고리화합물의 열개환중합법이 있다.

7-2-1 폴리디클로로포스파젠의 합성과 고분자 치환법에 의한 폴리오르가노포스파젠의 합성

7-2-1-1 헥사클로로시클로트리포스파젠의 열개환중합법에 의한 폴리디클로로포스파젠의 합성

폴리오르가노포스파젠 합성의 중요한 방법 중의 하나는 반응성이 있는 고분자량의 폴리포스파젠 중간체인 폴리디클로로포스파젠을 합성하고 염소 원자 대신 여러 가지 치환체를 도입하는 것으로, 이 고분자 중간체는 열개환중합으로 얻어진다. 고리 단량체의 합성은 사염화탄소 또는 클로로벤젠과 같은 용매에서 오염화인(PCl_5)과 염화암모늄 또는 암모니아의 반응으로 $(NPCl_2)_n$ ($n \geq 3$)의 구조를 갖는 고리형 무기 화합물을 제조할 수 있다 (그림 7−2).

그림 7−2
폴리포스파젠의 합성.

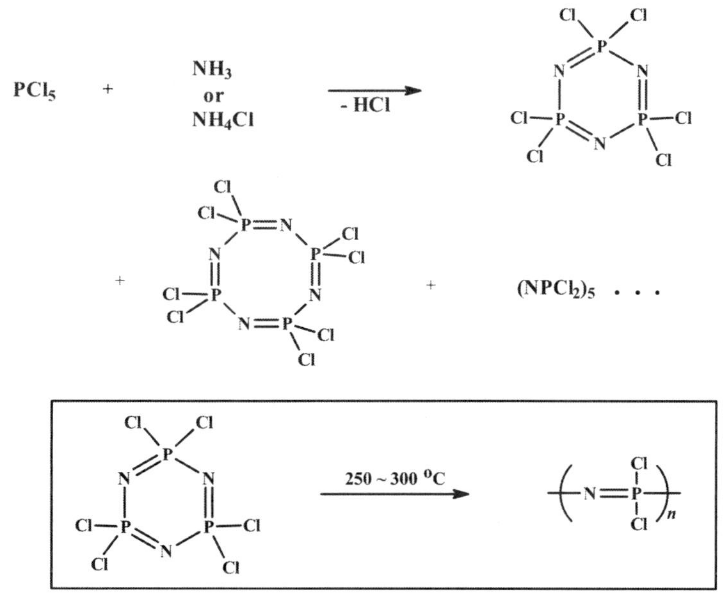

이 반응의 주요한 생성물은 고리 삼합체로서, 헥사클로로시클로트리포스파젠 또는 포스포니트릴릭 클로라이드 삼합체로 불리우는

데 1884년 Liebig와 Wohler에 의해서 최초로 합성되었다. 이 화합물은 흰색 결정고체로 113~114℃에서 녹으며, 유기 용매에 잘 용해된다. 밀폐된 유리관 또는 수분이 배제된 반응로에서 230~300℃로 가열하면 투명한 고무상 고분자인 폴리디클로로포스파젠이 되며 이는 무기 고무로 알려져 있다. 10000~15000 이상의 중합도를 가져 분자량이 10^6~2 × 10^6 Dalton에 이르고, 무색이며, T_g는 −63℃이다. 또한, 산화에 대한 높은 저항성, 자외선 및 가시광선에 대한 높은 투과성과 열 안정성을 나타내며 300℃까지 현저한 탄성을 가진다. 폴리디클로로포스파젠의 다른 합성 방법으로는 트리클로로트리메틸실릴포스포란의 축합중합법이 있다. 폴리디클로로포스파젠의 합성은, 벌크, 용액상, 기상, 또는 촉매 존재 하에서 실행된다.

삼합체의 개환중합 메커니즘은 완전히 이해되고 있지는 않지만, 이온 반응경로를 통하여 중합되는 것으로 생각된다. 인과 염소 결합이 열에 의해 이온화가 일어나 고리형 또는 선형의 포스파젠늄 이온이 생성되고, 이것이 사슬중합개시를 위해 양이온성 개시제로서 다른 삼합체의 질소 원자의 공격을 받아 고리가 열린다. 이 반응이 연속적으로 일어나서 폴리디클로로포스파젠을 생성한다. 포스파젠 중합 반응 메커니즘을 정리하면 그림 7-3과 같다.

미량의 수분은 포스파젠늄 이온으로부터 염소 이온의 분리를 용이하게 하여, 개환 반응을 촉진하는 촉매 또는 조촉매로 작용할 수 있다. 삼염화붕소는 상업적인 공정에서 일반적으로 사용되는 촉매인데, 이 촉매의 경우에도 염소 이온과 반응하여 사염화붕소 음이온을 형성하고, 이를 통해 포스파젠늄 이온과 염소 이온의 분리를 촉진하는 것으로 생각된다. 그밖에 코발트, 니켈, 구리, 갈륨, 안티몬, 규소, 비소, 그리고 수은의 염화물 등의 루이스 산들이 열개환중합 반응의 촉매로 작용할 수 있다. 촉매의 사용은 중합 반응의 온도를 200℃ 또는 그 이하로 낮출 수 있고, 중합 반응의 속도를 향상시키지만, 원하지 않는 부반응을 촉진시킬 수 있는데, 특히 가교 반응을

그림 7-3

헥사클로로시클로트리포스파젠의 폴리포스파젠으로의 열개환중합 반응 메커니즘.

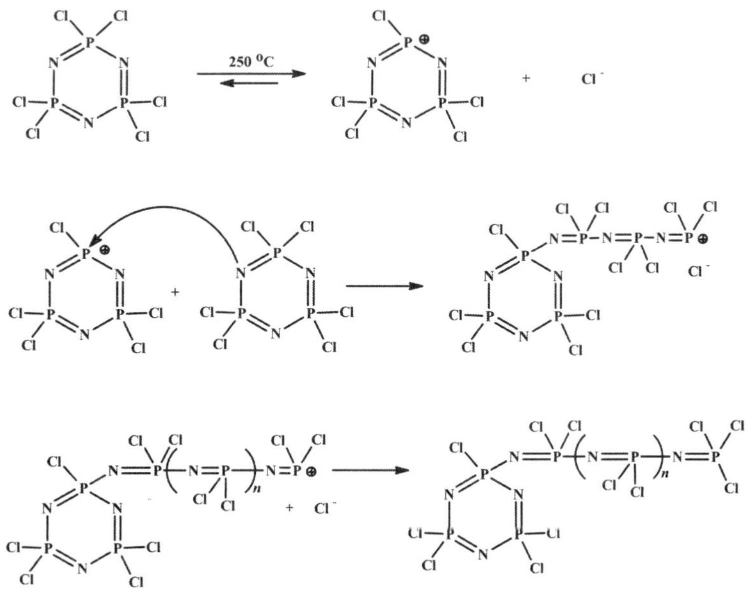

촉진하여, 반응 중에 용매에 녹지 않는 가교된 고분자의 양을 증가시킬 수 있다.

위와 같은 삼합체의 열개환중합에 의한 폴리디클로로포스파젠의 합성은 1897년 Stokes에 의해서 최초로 시도되었다. 일반적으로, 잘 조절되지 않은 반응조건에서 삼합체가 열중합될 때 생성되는 폴리디클로로포스파젠은 대부분이 유기 용매에 녹지 않고, 수분에 매우 민감하며, 팽윤되기 쉬운 가교된 고무상의 물질로, 탄성체로서의 특성을 나타낸다. 열개환중합 반응 중의 가교 반응 메커니즘을 정리하면 그림 7-4와 같다.

그림 7-4
헥사클로로시클로트리포스파젠의 열개환 반응 중의 가교 반응 메커니즘.

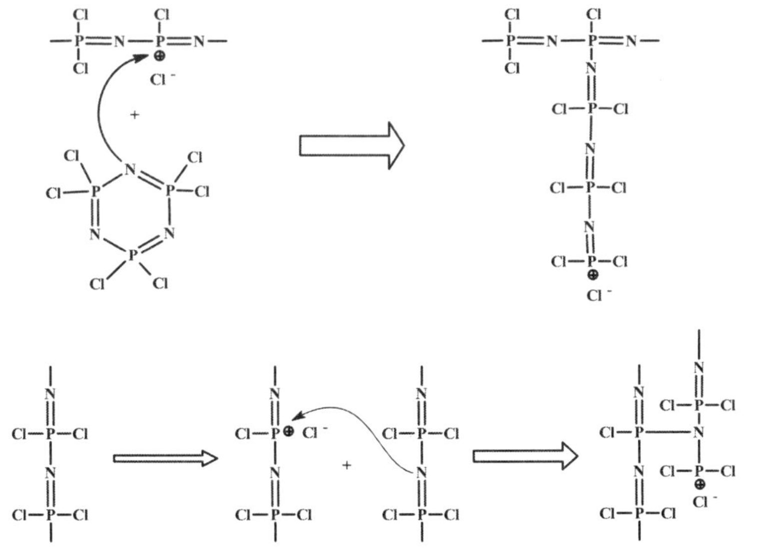

1965년 H. Allock은 반응 시간, 온도, 헥사클로로포스파젠의 순도, 그리고 반응의 종료를 주의깊게 조절하여 유기 용매에 녹는 가교 되지 않은 선형의 폴리디클로로포스파젠을 얻었다. 이 선형의 고분자는 인과 염소 결합의 친핵체에 대한 큰 반응성에 기인하여 대기중의 습기와 천천히 반응하여 인산, 암모니아, 염산 등을 발생시키고, 이러한 반응이 일어나는 동안 해중합 반응이 일어난다. 인과 염소 결합의 이러한 반응성을 이용하여 폴리디클로로포스파젠에 여러 가지 친핵성 치환기를 치환시켜 수분에 안정하고 다양한 물성을 가지는 폴리오르가노포스파젠 고분자를 합성할 수 있다. 유기 치환체가 존재하면 인과 질소 결합은 수분에 더욱더 안정해진다. 대부분의 폴리포스파젠 고분자의 합성 경로는 반응성이 큰 폴리디클로로포스파젠의 곁사슬 치환에 의해서 이루어진다.

여러 가지 중간체 고분자가 합성되었지만 가장 많이 이용되는 것은 폴리디클로로포스파젠이다. 그 밖에 폴리디플루오로포스파젠은 헥사플루오로포스파젠 삼합체의 개환중합 반응에 의해 합성되고, 특히 유기금속 친핵체를 연속으로 고분자 치환 반응에 사용할 때 가능하다. 그림 7-5와 같은 고리형 단량체들은 열중합이 가능하며, 생성된 고분자는 여러 가지 친핵체에 의한 곁사슬 도입에 의해 다양한 고분자의 합성이 가능하다.

그림 7-5
열개환중합 반응이 가능한 치환된 고리 포스파젠 단량체.

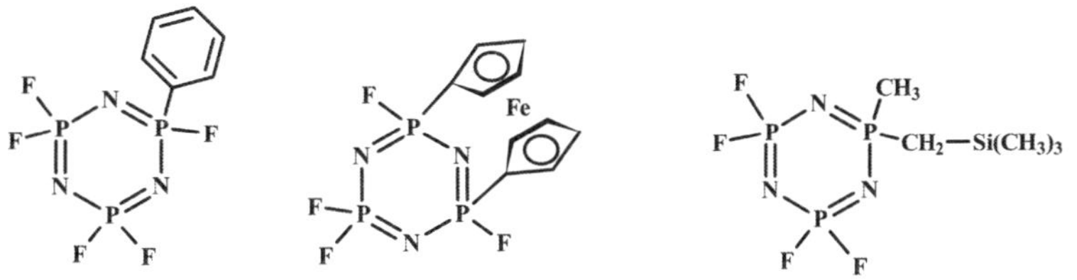

7-2-1-2 고분자 치환법에 의한 폴리오르가노포스파젠의 합성

폴리디클로로포스파젠은 고분자 주쇄에 친핵체에 대해서 반응성이 매우 큰 P—Cl 결합을 가지고 있어서, 염소 원자를 다양한 친핵체로 치환시켜 매우 다양한 물성을 가진 폴리오르가노포스파젠을 합성할 수 있다. 사실 폴리디클로로포스파젠은 그 자체로서는 매우 쓸모없는 고분자이다. 왜냐하면, 이 고분자는 수분에 매우 민감하여, 수분에 대한 특별한 주의 없이 오랜 시간 저장할 수 없다. 수분과 반응하여 염산을 생성하면서, 가교되기 때문이다 (그림 7-6).

그림 7-6
폴리디클로로포스파젠의 수분과의 반응.

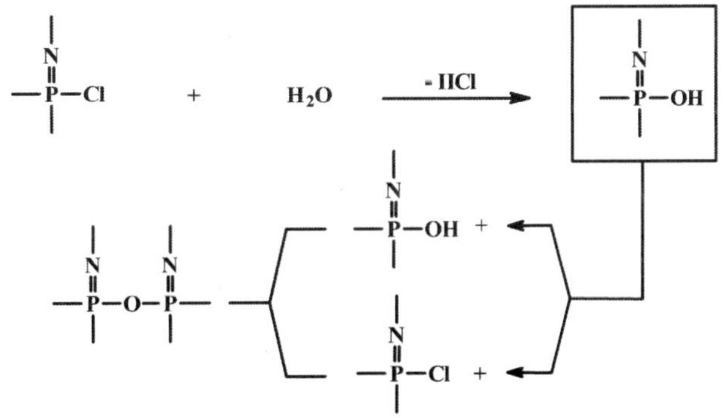

하지만, 폴리디클로로포스파젠의 염소를 안정한 유기 또는 유기금속 친핵체로 치환시키면 가수분해에 매우 안정한 폴리오르가노포스파젠을 합성할 수 있다. 고분자 주쇄의 염소 치환 반응을 통한 폴리오르가노포스파젠 고분자의 합성은 새로운 기능성을 가진 무기 고분자를 합성하는 매우 유력한 접근법이라고 할 수 있다. 이러한 접근법은 다음 그림 7-7과 같이 요약할 수 있다.

그림 7-7
고분자 치환법에 의한 폴리오르가노포스파젠의 합성.

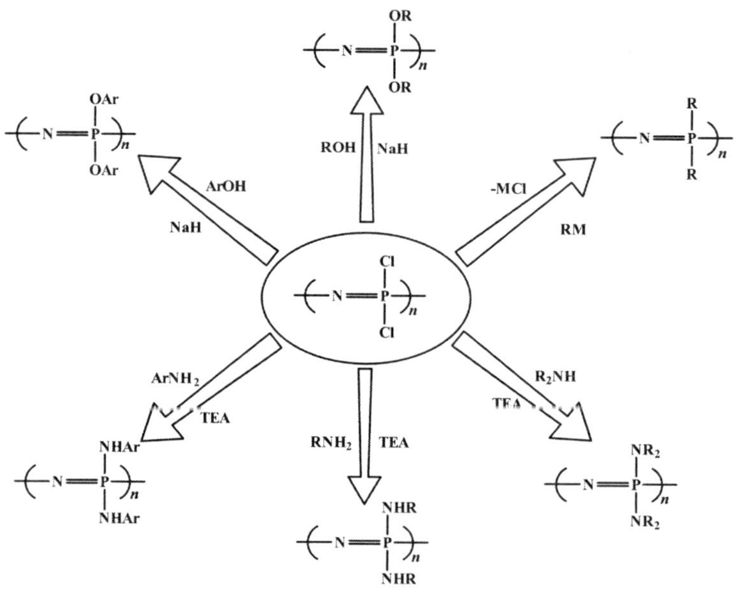

위 그림에서, 폴리디클로로포스파젠은 벤젠, 톨루엔 또는 THF 용매에서 수소화나트륨 존재 하에서 방향족 알코올, 지방족 알코올, 트리에틸아민 존재 하에서 방향족 1차아민, 지방족 1차아민, 지방족 2차아민과 빠르고 완전하게 반응하여, 안정하고 특별한 물성을 가진 유기 포스파젠 고분자를 형성하였다. 일반적으로 유기 고분자는 곁사슬의 낮은 반응성과 용액 중에서 고분자 사슬의 코일형성과 사슬 주위 인접한 기에 의한 입체장애효과 때문에 해당하는 저분자의

화합물보다 낮은 치환 반응속도와 친핵체의 치환 정도가 100%에 미치지 못하지만, 폴리디클로로포스파젠의 경우는 인과 염소 결합의 친핵체에 대한 큰 반응성에 기인하여 대부분의 치환 반응이 높은 반응속도를 유지한다.

일반적으로 폴리디클로로포스파젠의 염소 대신 치환될 수 있는 유기 치환체는 알코올 또는 아민성 N—H 결합을 가지는 화합물이다. 지금까지 도입된 유기 치환체의 종류는 300가지 이상이 보고되어 있다. 인 원자에 한 가지 종류의 치환기만이 도입된 폴리오르가노포스파젠을 포스파젠 순중합체라고 하는데, H. Allock에 의해 최초로 고안되고, 보고되었다. 폴리디클로로포스파젠과 트리플루오르에톡시나트륨이 반응하여 얻어진 폴리비스트리플루오르에톡시포스파젠은 Allock에 의해서 처음으로 안정한 형태로 합성된 폴리오르가노포스파젠이다. 또한 Rose는 두 가지 종류의 치환체를 동시에 도입함으로써 포스파젠 공중합체를 합성할 수 있음을 보고한 바 있다. 포스파젠 공중합체의 일반적인 구조는 다음과 같다 (그림 7-8).

그림 7-8
포스파젠 공중합체의 구조.

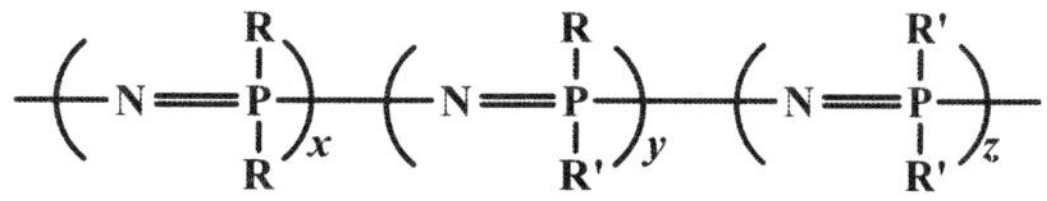

$$-\left(N{=}\underset{R}{\overset{R}{P}}\right)_x-\left(N{=}\underset{R'}{\overset{R}{P}}\right)_y-\left(N{=}\underset{R'}{\overset{R'}{P}}\right)_z-$$

위 그림처럼 두 가지의 치환체를 동시에 도입시켰을 때, 고분자 주쇄의 포스파젠에 같은 치환체를 가지는 반복단위와 다른 치환체를 가지는 반복단위가 공존함을 알 수 있다. 두 가지 또는 그 이상의 치환체를 폴리디클로로포스파젠과 반응시키면, 매우 다양한 조합의 반복단위가 무질서하게 존재하는 공중합체가 합성됨을 알 수 있다.

폴리디클로로포스파젠의 염소 치환에 의한 폴리오르가노포스파젠은 도입되는 치환기가 무엇이냐에 따라 합성된 고분자의 물리화학적 특성이 결정된다는 점에서 치환기의 주의 깊은 도입은 아주 특별한 물성을 가진 기능성 무기 고분자를 합성할 수 있다는 점을 시사한다. 다른 종류의 무기 고분자 합성법에 비해 고분자 치환법에 의한 폴리오르가노포스파젠의 합성은 매우 이례적이고 아주 편리한 방법론을 제공한다. 하지만, 중간체 고분자의 친핵성 치환 반응에 의한 폴리오르가노포스파젠 합성법은 두 가지 종류의 큰 한계점을 가지고 있다.

첫째, 도입되는 치환체의 입체화학적인 크기에 따라, 치환체의 반응성이 크게 영향을 받는다는 것이다. 즉, 입체화학적으로 큰 장애를 가지고 있는 치환체는 인-염소 결합에 매우 낮은 반응성을 가져서 낮은 치환율을 나타낸다는 것이 보고되었는데, 일부의 아민 또는 아릴옥시 친핵체들은 입체장애로 말미암아 치환되기 어려운 것으로 알려져 있다. 예를 들면, —OH기를 가지는 아조 색소는 폴리디클로로포스파젠과의 반응에서 아주 낮은 정도로 치환됨이 보고되었다(그림 7-9).

그림 7-9
아조 색소와 폴리디클로로포스파젠과의 치환 반응.

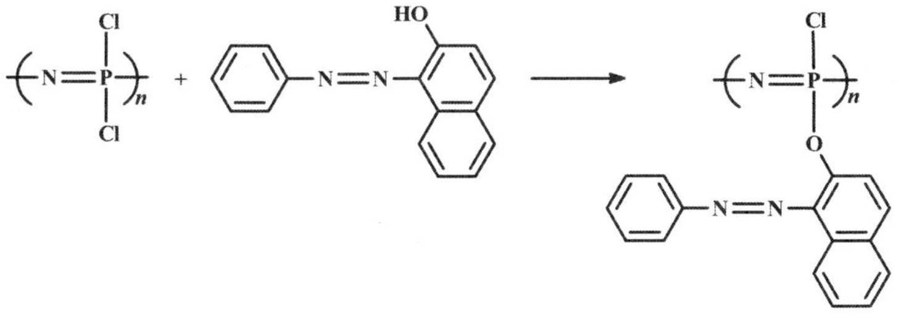

또한 —SH기를 가지는 화합물의 경우, 헥사클로로시클로포스파젠과는 반응하지만, 폴리디클로로포스파젠과는 거의 반응하지 않는다고 보고되었다. 디에틸아민과 2-하이드록시카바졸이 폴리디클로로포스파젠과 반응하여 50% 정도의 염소를 치환하는 반면 디페닐아민은 전혀 반응을 하지 않는다고 보고되었다(그림 7-10).

그림 7-10
폴리디클로로포스파젠과 디페닐아민과의 반응 실패.

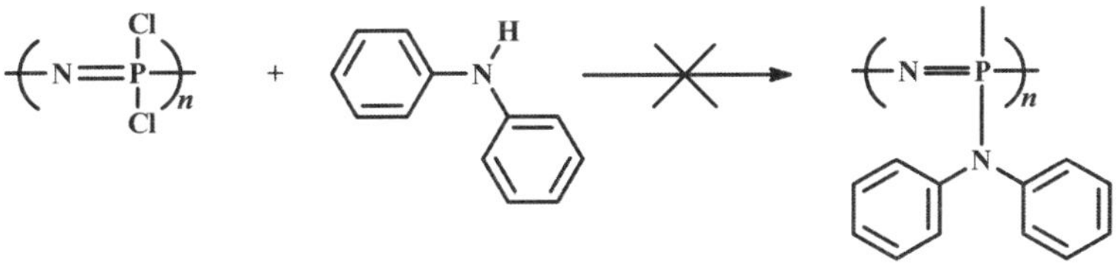

둘째, 폴리오르가노포스파젠의 합성시, 폴리디클로로포스파젠의 주쇄에 있는 염소 원자를 치환시키는 치환체의 친핵성과 관련되는 한계점이다. 약한 친핵성을 갖는 친핵체는 항상 폴리디클로로포스파젠을 부분적으로만 치환시키고, 반대로 강한 친핵성을 갖는 그리냐드 시약이나 알킬리튬 등의 유기금속 시약들은 너무도 반응성이 커서 폴리디클로로포스파젠의 염소 원자와 반응할 뿐 아니라 주쇄인 인-질소 결합을 공격하여 고분자 주쇄를 절단시킨다. 따라서, 알킬 또는 아릴기로 치환된 폴리오르가노포스파젠의 합성은 폴리디클로로포스파젠의 치환 반응으로는 큰 어려움이 있다. 뒤에서 언급될 새로운 방법을 통해서 이루어질 수 있다. 이러한 반응은 그림 7-11에 요약하였다.

그림 7-11
폴리디클로로포스파젠과 유기금속 친핵체와의 반응.

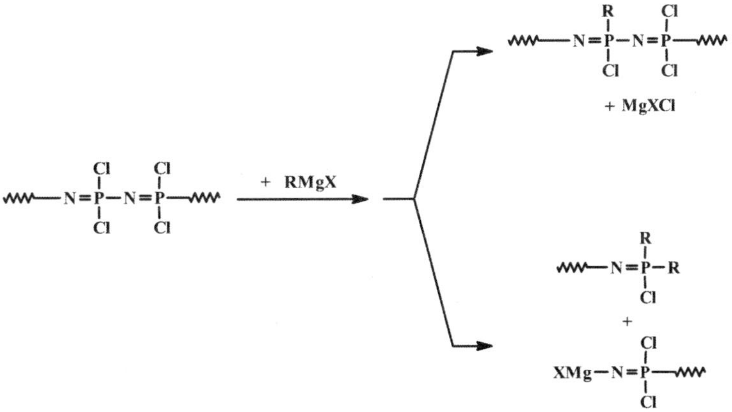

폴리디클로로포스파젠의 염소 원자가 안정한 유기 치환체로 치환될 때, 완전히 치환되는 경우에 생성된 고분자와 부분적으로 치환된 고분자는 상당히 다른 특성을 가진다. 특히, 아주 소량의 염소 원자가 남아 있는 경우에도 이 염소 원자는 고분자의 물성에 아주 큰 영향을 미치는데, 이것은 인-염소 결합의 수분에 대한 큰 반응성에 기인한다. 수분에 의한 인-염소 결합의 가수분해는 HCl과 P—OH 결합을 생성시키고, P—OH는 서로 결합하여 다리 결합을 생성하여 가교의 원인이 되거나 고분자 주쇄에 P═O 반복 단위의 형성을 야기 시킨다 (그림 7-12). 이 부분은 열이 가해지거나 빛이 조사되었을 때 반응의 시작점으로 작용하여 고분자의 분해를 촉진시키는 등 고분자의 물성에 좋지 않은 영향을 미친다.

그림 7-12
폴리디클로로포스파젠의 물과의 반응.

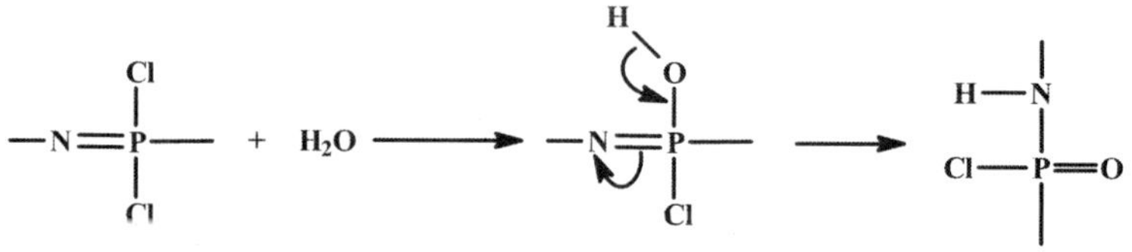

$$-N{=}P(Cl)_2- \; + \; H_2O \longrightarrow -N{=}P(Cl)(OH)- \longrightarrow H{-}N{-}P(Cl){=}O$$

폴리디클로로포스파젠의 염소를 완전히 안정한 친핵체로 치환하려는 여러 가지 방법들이 시도되었다. 즉, 높은 농도의 친핵체 사용(100 또는 그 이상의 당량 사용), 높은 반응온도 (100°C), 반응 중 발생하는 염산을 제거하기 위한 염기의 사용 등이 있다. 하지만, 이런 시도들은 부분적으로만 성공을 거두었고, 대부분의 경우에 1~1.5% 또는 그 이상의 염소가 고분자에 여전히 남아 있다. 또한 높은 온도에서의 반응은 원하지 않는 부반응을 일으키는 등 여러 가지 문제를 발생시킬 수 있다. 기타 또 다른 반응 시도로서는, 약하거나 입체화학적 장애가 큰 친핵체로 클로로포스파젠의 염소 치환반응시 상전이 시약을 사용하였다. 상전이 시약을 사용한 첫 번째 보고는 Walsh 등에 의해서 이루어졌는데, 친핵체의 상대 양이온과 안정한 착물을 형성할 수 있는 다양한 공동 크기의 크라운 에테르를 상전이 시약으로 사용하였는데, 유기상으로 친핵체를 이동시키고, 치환 반응의 치환율을 향상시켰다. 이러한 접근법은 몇년 후, H. Allock과 Wang 등에 의해서 다시 시도되었는데, 상전이 시약으로 4차 알킬암모늄 할라이드를 사용하였고, Potin 등은 폴리에틸렌옥사이드를 사용하여 염화 포스파젠의 친핵체에 의한 염소 치환수율을 증가시켰다. 최근에 보고된 상전이 시약으로서는, 4-알킬아미노피리딘, 테트라부틸포스포늄염, 그리고 테트라알킬암모늄염과 지방족 폴리에테르의 혼합물, 벤질트리(트리에틸암모늄 클로라이드) 등이 있다.

7-2-2 디클로로포스피노일이미노트리클로로포스포란의 축합중합 반응에 의한 폴리디클로로포스파젠의 합성

디클로로포스피노일이미노트리클로로포스포란(Dichlorophosphinoyliminotri−chlorophosphorane)의 벌크 또는 용액 축합중합을 통해서 폴리디클로로포스파젠을 합성할 수 있다. 고온에서, 이탈기로서 -P(O)Cl_2와 −Cl이 그림 7−13과 같이 P(O)Cl_3로 제거되면서 일어나는 축합 반응은 중합 반응을 유도한다.

그림 7−13

디클로로포스피노일이미노트리클로로포스포란의 벌크 또는 용액 축합중합.

$$n\,\mathrm{Cl-PCl_2{=}N-P(O)Cl_2} \xrightarrow{\Delta} \mathrm{Cl-PCl_2{=}N\!\left(-PCl_2{=}N-\right)_{n-1}P(O)Cl_2} + \mathrm{P(O)Cl_3}$$

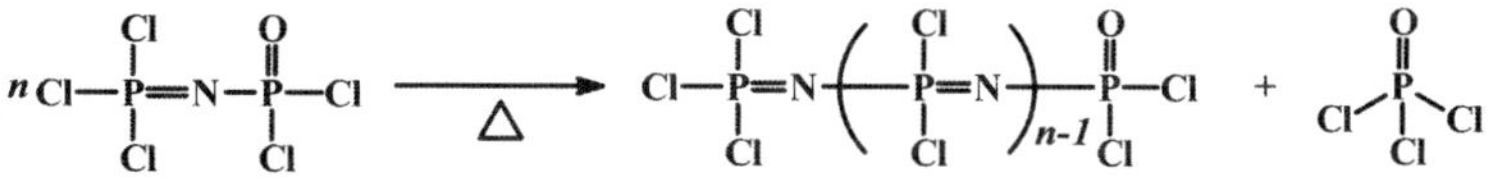

약 200°C에서의 벌크중합 반응은 700~1000 정도의 낮은 중합도를 갖는 고분자를 생성하고 종료되는 반면, 용액 중합에서는 3 × 10^4~10^6 Dalton 정도의 고분자량의 폴리디클로로포스파젠을 합성

할 수 있다. 용액 중합에서 용매의 선택은 매우 중요한데, 높은 온도에서도 화학적으로 안정하고, $P(O)Cl_3$로부터 분리가 용이해야 하는데, 트리클로로바이페닐이 가장 널리 쓰이는 용매이다.

240°C에서 일어나는 벌크중합 반응 메커니즘은 그림 7-14와 같다. -N=PCl_3에 있는 인을 단위체의 질소 원자가 친핵성 공격하고, $P(O)Cl_3$가 제거되는 반응에 기초한다. 이 반응이 단위체와 단위체, 단위체와 소중합체, 소중합체와 소중합체 간에 일어나 높은 분자량의 폴리디클로로포스파젠을 형성한다. 이 반응에서는 고리형 소중합체의 형성도 함께 진행되는데, 반응 (d)와 같이 고리화 반응은 분

그림 7-14

디클로로포스피노일이미노포스포란의 축합중합 반응 메커니즘.

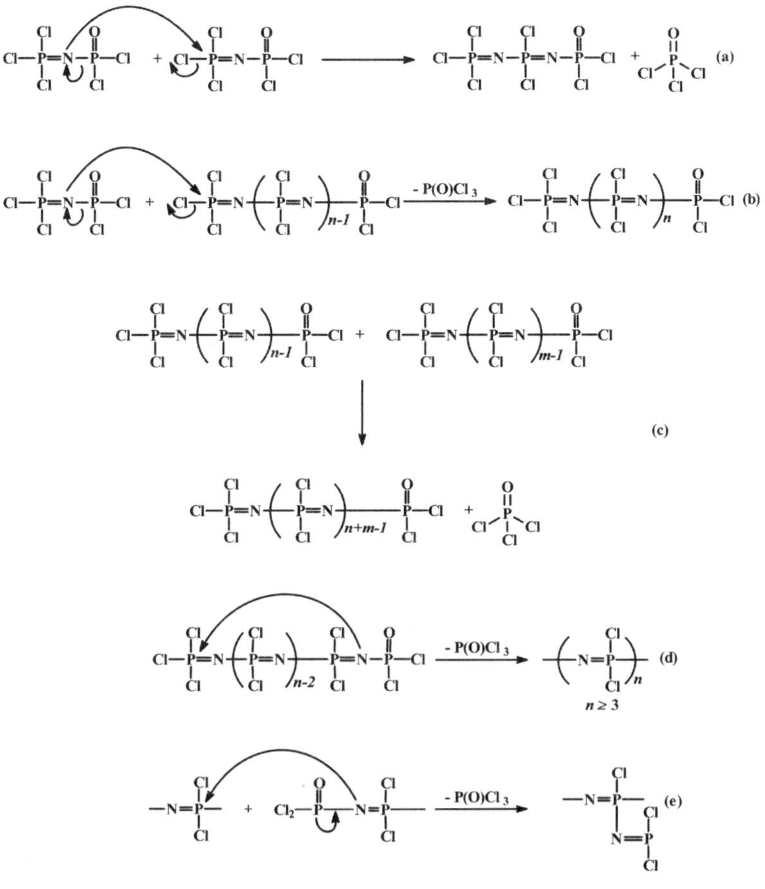

$$Cl_3P{=}N{-}P(O)Cl_2 + Cl_3P{=}N{-}P(O)Cl_2 \longrightarrow Cl_3P{=}N{-}PCl_2{=}N{-}P(O)Cl_2 + P(O)Cl_3 \quad (a)$$

$$Cl_3P{=}N{-}P(O)Cl_2 + Cl_3P{=}N{+}PCl_2{=}N{+}_{n-1}P(O)Cl_2 \xrightarrow{-P(O)Cl_3} Cl_3P{=}N{+}PCl_2{=}N{+}_{n}P(O)Cl_2 \quad (b)$$

$$Cl_3P{=}N{+}PCl_2{=}N{+}_{n-1}P(O)Cl_2 + Cl_3P{=}N{+}PCl_2{=}N{+}_{m-1}P(O)Cl_2 \longrightarrow Cl_3P{=}N{+}PCl_2{=}N{+}_{n+m-1}P(O)Cl_2 + P(O)Cl_3 \quad (c)$$

$$Cl_3P{=}N{+}PCl_2{=}N{+}_{n-2}PCl_2{=}N{-}P(O)Cl_2 \xrightarrow{-P(O)Cl_3} {+}N{=}PCl_2{+}_{n} \quad (d)$$

$n \geq 3$

$$-N{=}PCl_2- + Cl_2P(O){-}N{=}PCl_2- \xrightarrow{-P(O)Cl_3} -N{=}PCl_2{-}N{=}PCl_2- \quad (e)$$

자 내 반응으로서 해중합 반응의 큰 요인으로 작용하고, 중합 반응과 평형관계에 있다. 분자 내 반응에 의한 고리형 소중합체의 생성을 억제하려면, 반응 (a)에서 벌크로 중합하고, $P(O)Cl_3$가 방출된 후 반응 (b)에서 용액중합으로 실행되어야 한다. 벌크 중합에서 가교 반응은 높은 전환율에서 일어난다. 이 가교 반응은 동일 폴리디클로로포스파젠 사슬에서 반응 (e)와 같은 반응의 연속으로 일어나거나, 또는 헥사클로로시클로트리포스파젠의 열개환중합에서 설명된 것과 같이, 분자 내 반응에 의해서 진행될 수도 있다(H. Allock에 의해서 제안되었음). 이러한 가교 반응은 용매를 사용한 용액중합으로 억제시킬 수 있다. 예를 들면, 디클로로포스피노일이미노트리클로로포스포란의 축합중합에 의해 생성된 폴리디클로로포스파젠을 트리클로로바이페닐 용매하에서 280°C로 60시간 동안 열처리했을 때, 젤의 형성이나 분자량의 감소는 관찰되지 않았다.

7-2-3 N-Silylphosphoranimine의 축합중합에 의한 폴리포스파젠의 합성

7-2-3-1 N-Silylphosphoranimine의 축합중합에 의한 폴리디클로로포스파젠의 합성

최근에, Manner, Allock 등은 폴리디클로로포스파젠의 합성에 대한 새로운 대안을 제안하였다. 이들이 제안한 방법은 다음과 같이, trichloro(trimethylsilyl)phosphoranimine의 축합중합 반응을 이용하였다 (그림 7-15).

이 축합중합 반응은 촉매양의 오염화인 존재 하에서 트리메틸클로로실란의 제거에 의해 폴리디클로로포스파젠을 형성한다. 이 중합 반응의 특징으로는 다른 폴리디클로로포스파젠 합성법과는 달

그림 7-15

Trichloro(trimethylsilyl)phosphoranimine의 축합중합 반응.

$$Cl_3P{=}N{-}Si(CH_3)_3 \xrightarrow[\text{Traces } PCl_5]{-n\ ClSi(CH_3)_3} \left(N{=}PCl_2\right)_n$$

리 실온에서 진행되고, 거의 정량적인 수득률의 고분자를 얻을 수 있으며, 미반응의 포스포라민을 쉽게 재활용할 수 있다는 점이다. 또한, 디클로로메탄 용매 하에서 또는, 무용매 하에서도 잘 진행되고, 아주 낮은 다분산지수(M_w/M_n = 1.8)를 가지며, 분자량 조절이 가능하다는 장점이 있다.

7-2-3-2 *N-Silylphosphoranimine의 축합중합에 의한 폴리오르가노포스파젠의 직접 합성*

고분자 치환법에 의한 폴리오르가노포스파젠의 합성법은 다양한 구조의 고분자 합성을 가능하게 하였지만, 인-탄소의 직접 결합을 갖는 구조의 고분자를 생성시키기는 어렵다는 단점이 있다. 즉, 앞에서 언급한 바와 같이 그리냐드 시약이나 알킬리튬 같은 강한 친핵성을 가지는 유기금속 시약들은 폴리디클로로포스파젠과 반응하여 치환 반응뿐 아니라 고분자 주쇄의 절단 반응도 야기하기 때문이다. 이러한 단점을 해결하기 위한 한 방법으로써, 그림 7-16과 같이 N-silylphosphoranimine의 열축합중합법을 이용한 폴리오르가노포스파젠을 직접 합성하는 방법을 고안하였다.

그림 7-16
N-Silylphosphoranimine의 열축합중합법을 이용한 폴리오르가노포스파젠의 합성.

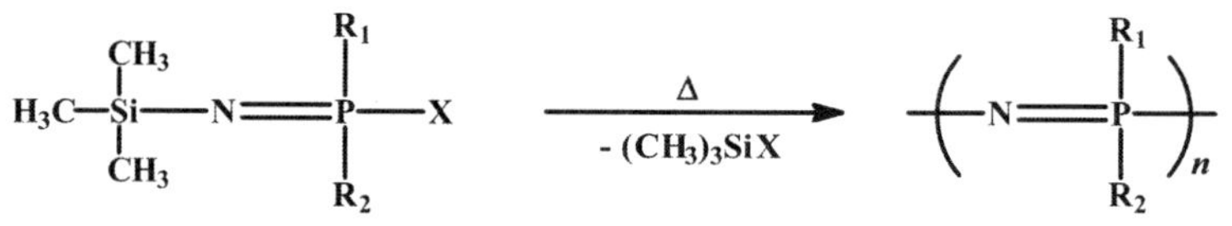

$$H_3C-Si(CH_3)_2-N=P(R_1)(R_2)-X \xrightarrow[-\ (CH_3)_3SiX]{\Delta} -\!\!\left[N=P(R_1)(R_2)\right]_n\!\!-$$

N-Silylphosphoranimines의 축합중합에 의한 폴리오르가노포스파젠의 합성에 관한 첫 번째 연구는 1977년 Rose에 의해 보고되었는데, 트리스(트리플루오르에톡시)포스포라니민(tris(trifluoroethoxy)phosphoranimines)의 열축합중합에 의해 선형 poly[bis(trifluoroethoxyphosphazene)을 합성하였고, 같은해

Neilson 등은 그림 7-17과 같이 lithium bis(trimethylsilyl)amine과 fluorophosphorane의 반응으로부터 삼합체와 사합체 고리 포스파젠의 합성을 보고하였다.

그림 7-17

Lithium bis(trimethylsilyl)amine과 fluorophosphorane의 반응으로부터 삼합체와 사합체 고리 포스파젠의 합성.

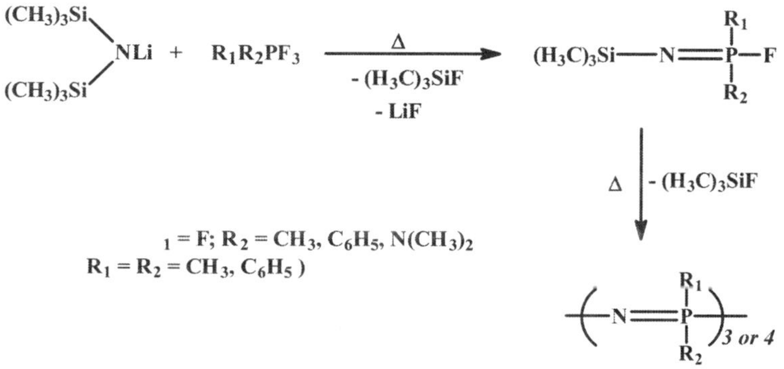

$((CH_3)_3Si)_2NLi + R_1R_2PF_3 \xrightarrow[-\,(H_3C)_3SiF,\ -\,LiF]{\Delta} (H_3C)_3Si{-}N{=}P(R_1)(R_2){-}F$

$\xrightarrow[-\,(H_3C)_3SiF]{\Delta} {-}(N{=}P(R_1)(R_2))_{3\ or\ 4}{-}$

$_1 = F;\ R_2 = CH_3,\ C_6H_5,\ N(CH_3)_2$

$R_1 = R_2 = CH_3,\ C_6H_5\ )$

N-silylphosphoranimines의 열축합중합에 의한 폴리오르가노포스파젠 합성법은 알킬 또는 아릴이 인-탄소 결합으로 직접 결합된 선형 포스파젠 고분자를 합성하는 매우 편리한 방법으로써 인-탄소 결합을 가지는 고분자는 치환된 고리 단량체의 개환중합이나 폴리디클로로포스파젠의 염소 치환 반응으로는 합성할 수 없다는 점에 대해 큰 장점을 가지고 있다. X = F, Br, $OSi(CH_3)_3$, $N(CH_3)_2$, OCH_3 그리고 OCH_2CF_3인 몇가지 N-silylphosphoranimines 고분자 중간체의 합성은 Neilson과 Wisian-Neilson에 의해 상세히 연구 되었는데, 이 고분자 중간체를 적절히 디자인함으로써 다양한 물성을 갖는 폴리오르가노포스파젠 고분자를 합성할 수 있다. 고분자 중간체인 N-silylphosphoranimines의 합성법을 정리하면 그림 7-18과 같다.

그림 7-18
N-Silylphosphoramide의 합성.

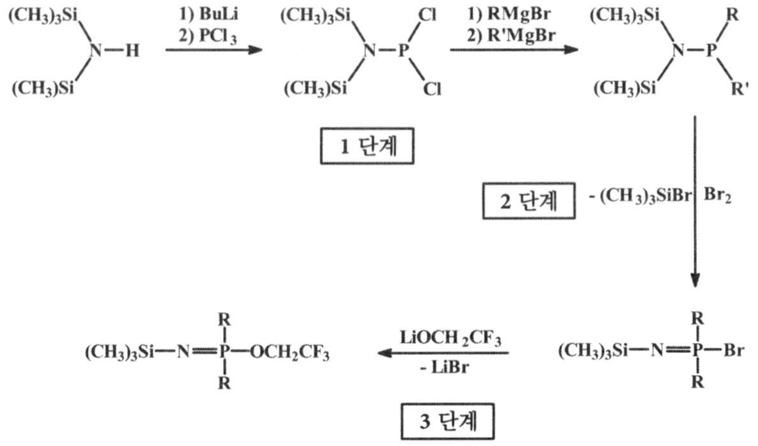

위 그림 7-18에서 제시된 방법은 상업적으로 구입이 용이한 PCl_3, $(Me_3Si)_2NH$, 그리냐드 시약을 사용하여 N-silylphosporamide, $Me_3SiN{=}PR_2X$(X = OCH_2CF_3, OPh)를 비교적 좋은 수율 (60~70%)로 쉽게 합성할 수 있다. 하지만 이 합성법은 몇 가지 실용적인 한계를 가지고 있다. 1단계에서 실리아미노포스핀을 분리 정제해야 하고, 2단계에서 벤젠과 같은 유독성 용매를 사용해야 하며, 3단계에서 2단계 반응으로 진행하기 전에 Me_3SiBr을 완전히 제거해야 한다. 이런 문제를 해결하기 위한 향상된 합성법으로는 단계 2에서의 실릴아미노포스핀의 할로젠화 반응 시약으로 헥사클로로에탄을 사용하는 방법이 있다. 실릴아미노포스핀은 헥사클로로에탄과 정량적으로 반응하며, 여러 가지 용매의 사용이 가능하다. 뿐만 아니라, 2단계에서 3단계로 진행시 P-chlorophosphoramide를 부생성물은 Me_3SiCl로부터 분리 정제가 필요 없다 (그림 7-19). 즉, 3 단계에서 P-chlorophosphoramide와 친핵체인 $-OCH_2CF_3$ 또는 -OPh의 반응은 Me_3SiCl에 대해 매우 선택적으로 반응하여 방해 받지 않는다.

그림 7-19
실릴아미노포스핀은 헥사클로로에탄과 정량적으로 반응.

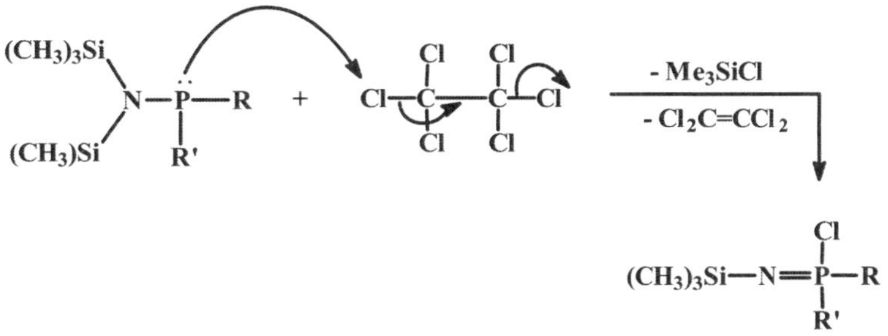

$X = N(CH_3)_2$, $OSi(CH_3)_3$ 인 N-silylphosphoranimines의 경우 매우 안정하여 높은 온도(200~250℃)에서도 중합체를 형성하지 못한다. X = Cl, Br, F, 알콕시인 경우는 단지 고리형 단량체 (n = 3~5)만을 형성한다. 폴리디알킬포스파젠 고분자의 합성은 $X = OCH_2CF_3$, 아릴옥시를 가진 N-silylphosphoranimines의 열축합중합으로부터 합성이 가능한데, 고분자 합성에 대한 최초의 보고는 $X = OCH_2CF_3$ 인 경우에 얻어졌다 (그림 7-20).

그림 7-20
OCH_2CF_3 기를 가진 N-silylphosphoranimines의 열축합중합으로부터 폴리디알킬포스파젠 고분자의 합성.

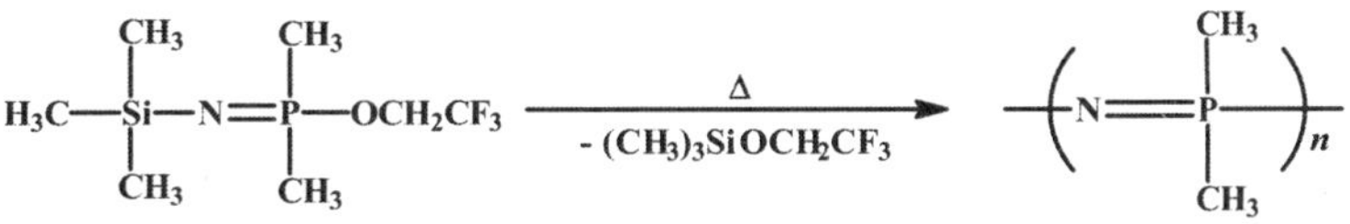

위 중합 반응은 190℃에서 2일 동안 sealing된 ampule에서 수행되었는데, 정량적이었고, 고분자의 분자량은 $M_w = 50{,}000$(광 산란법으로 결정됨)이었고, 고리형 소중합은 생성되지 않았으며, 클로로포름이나 디클로로메탄에 잘 녹았다. 유리전이온도 (T_g)는 −42℃, 녹는점 (T_m)은 158℃ 였다. $X = OCH_2CF_3$을 가진 N-silylphosphoranimines으로 합성된 폴리오르가노포스파젠을 표 7-1에 정리하였다.

표 7-1
X = OCH_2CF_3을 가진 N-silylphosphoranimines으로 합성된 폴리오르가노포스파젠.

R = Me, Et, *n*-Pr, *n*-Bu, *n*-Hex	$\left[N{=}P(R)(R) \right]_n$
R = Me, Et, *n*-Pr, *n*-Bu, *n*-Hex R' = Me, Ph	$\left[N{=}P(R)(R') \right]_n$
R = Me, Et, *n*-Pr, *n*-Bu, *n*-Hex R' = Me, Ph	$\left[N{=}P(Me)(Me) \right]_x \left[N{=}P(R)(R') \right]_y$

표 7-1에서 제시한 폴리(알킬/아릴포스파젠) 고분자들은 대칭 순중합체인 폴리디알킬포스파젠을 제외하고는 여러 가지 유기 용매에 잘 용해되었다. 재미있는 점은, 폴리디메틸포스파젠은 디클로로메탄, THF, THF/H_2O, 에탄올에 잘 용해된 반면, 이 고분자 이외의 대칭 순중합체들은 모든 일반적인 용매들에 불용성이라는 점이다. 대칭 순중합체들의 유기 용매에 대한 불용성은 X-선 회절에 의해 밝혀진 미소결정 특성과 DSC에서의 강한 용융 전이 현상으로 증명되었다. 하지만 이 고분자들은 아세트산이나 벤조산 약 1%로 처리하면 고분자의 주쇄가 부분적으로 양성자화되어 유기 용매에 녹게 되어 NMR 분광법이나 기타 용액에서의 특성을 연구하는 것이 가능하다. 비대칭 순중합체들은 구조적 특성으로 비결정성이어서 대부분의 유기 용매에 매우 잘 용해되었고 특히, 디클로로메탄이나 THF에 잘 녹았다. 이 중에서 긴 알킬사슬을 가지는 고분자(R = n-Bu, n-Hex)는 헥산 등의 매우 비극성인 탄화수소 용매에도 용해되었다. 위의 고분자들은 분자량이(M_w)

50000~250000이었고, 분자량 분포는 1.5~3.0이었다.

알콕시 또는 아릴옥시 치환체를 가진 포스파젠 고분자와 마찬가지로, 위 고분자들은 도입된 치환체에 의해서 물성이 결정된다고 할 수 있다. 이 고분자들은 디에틸, 디부틸, 디프로필을 가진 고분자를 제외하고는 디클로로메탄이나 클로로포름에 모두 잘 녹았다. 페닐/메틸 또는 페닐/에틸기를 가지는 유기 포스파젠 고분자는 ^{13}C-NMR 분광법에 의해서 아탁틱 구조를 갖는다는 것이 증명되었다. 고분자 주쇄의 인 원자에 동일한 치환기를 가지는 포스파젠 고분자인 $(R_2N = P)_n$는 R이 메틸 또는 에틸인 경우 반결정성이고, 그 이외에 알킬 또는 아릴인 경우는 비결정구조의 형태를 가지는 것으로 보고되었다.

메틸기처럼 입체화학적으로 작고 유연한 치환체가 도입된 폴리포스파젠은 방향족 고리처럼 뻣뻣하고 유연성이 적은 치환기가 도입된 경우 (T_g = −3°C)보다 훨씬 더 낮은 유리전이온도 (T_g = −46°C)를 갖는다. 비활성 기류 하에서 이 고분자들의 열 안정성은 poly(fluoroethoxyphosphazene) 고분자에 비해서 더 높았고 (300~400°C), 메틸기를 가지는 고분자가 페닐기를 갖는 고분자에 비해서 더 높은 열 안정성을 가졌다. 위에서 언급한 순중합체 및 공중합체와 함께, 관능성 N-silylphosphoranimines에 반응성이 있는 관능기를 도입하여 축합중합함으로써 반응성이 있는 폴리포스파젠을 합성하는 것이 가능하다. 그 예를 그림 7−21에 나타내었다.

그림 7-21
관능성 N-silylphosphoranimines에 반응성이 있는 관능기를 도입하여 축합중합함으로써 반응성이 있는 폴리포스파젠의 합성.

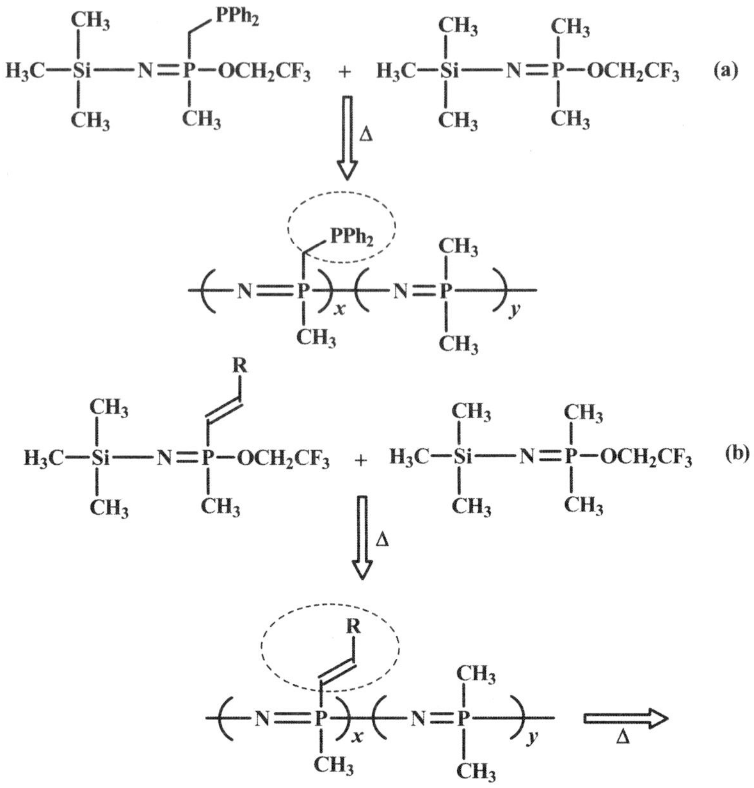

위 식에서 반응 (a)를 통해서 금속과 배위 결합할 수 있는 포스핀리간드를 포함하는 포스파젠 고분자를 합성할 수 있고, 반응 (b)에서는 불포화 결합을 포함하는 메틸기를 가지는 N-silylphosphoranimines과의 공중합 반응에 의해서 과산화물의 존재없이 가교된 포스파젠 고분자를 얻을 수 있다.

N-silylphosphoranimines의 열축합중합 반응에 몇 가지 변화를 가미할 수 있다. 첫째, 폴리메틸페닐포스파젠 고분자를 형성하는 모든 반응의 경우, N-silylphosphoranimines의 이탈기인 트리플루오르에톡시기를 아릴옥시기로 대체하는 것이 가능하다. 이러한 변형은 이 열중합 반응의 단가와 기간을 감소시키는 장점이 있다. 둘째, 1990

년에 Matyjaszewski 등은 tris(trifluoroethoxy)-N-(trimethylsilyl) phosphoranimine의 축중합 반응이 플루오르이온 즉 테트라-N-뷰틸 암모늄 플루오라이드 (TBAF)에 의해서 촉진될 수 있음을 보고하였다. 이 반응은 무용매에서 95℃에서 1.5시간 동안 TBAF 1 mol% 존재 하에서 실행되었는데, M_n = 10000, 45% (무게) 수율의 고분자를 얻었다. 촉매를 사용하지 않은 경우는 동일한 결과를 얻기 위해서 190℃, 48 시간이 필요하였다. 이 중합이 TBAF 1 mol% 존재 하에서 125℃ 디글라임 용액에서 실행되었을 때 4시간 후 100% 전환율에 도달했고, 생성된 고분자의 분자량은 M_n = 20000 (PDI = 1.5) 이었다. 촉매작용이 있는 다른 화합물로는, 알칼리 금속의 알콕사이드와 페녹사이드, 친핵성 아민 (N-methylimidazole) 그리고, 브뢴스테드와 루이스 산 (오염화 안티몬 등)이 있다.

중합개시과정은 다른 phosphoranimine에 확장될 수 있는데, 먼저 bis(trifluoroethoxy)(phenoxy)-N-silyl-phosphoranimines, $(CF_3CH_2O)_2(PhO)\text{-}P{=}N\text{-}Si(CH_3)_3$는 TBAF 촉매 존재 하에서 열축합중합에 의해 고분자 주쇄의 인 원자에 phenoxytrifluoroethoxy 23%와 bis(trifluoroethoxy)가 77% 치환된 비결정질의 포스파젠 고분자를 생성하였고, 생성된 고분자의 분자량은 약 M_n = 15000 이었다. 연구된 다른 phosphoranimines은 그림 7-22와 같다.

그림 7-22

연구된 phosphoranimines.

$$H_3C\text{—}Si(CH_3)_2\text{—}N{=}P(OR)_2\text{—}OCH_2CF_3$$

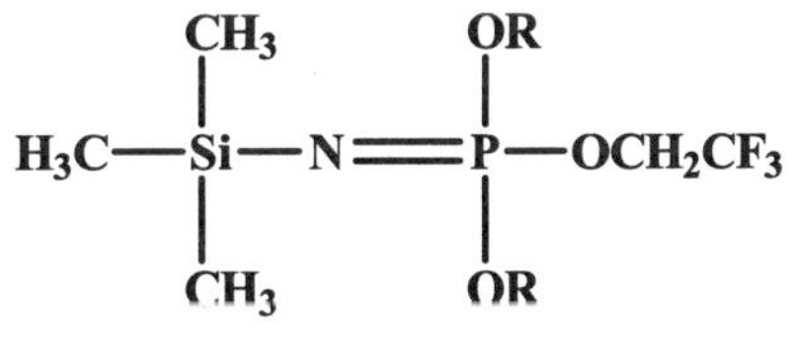

(R = $CH_3OCH_2CH_2$-, $CH_3OCH_2CH_2OCH_2CH_2$-)

그림 7−22에서 R′ = CF_3CH_2-, R″ = $CH_3OCH_2CH_2$-phosphoranimines을 플루오르이온 촉매를 사용하여 133℃에서 13시간 동안 중합하였을 때 bis(trifluoroethoxy)phosphazene/(methoxyethoxy)(trifluoroethoxy)phosphazene을 공중합체를 77/22비로 생성한다. 생성된 고분자의 수평균분자량(M_n)은 16000이고 분자량 분포는 1.6이었다. 동일한 촉매의 농도에서, 중합 반응속도는 무용매 벌크에서보다 디글라임 용액에서 더 낮았다. trifluoroethoxy 와 alkoxyethoxy 기를 포함하는 phosphoranimines의 경우도 무질서 또는 블록 공중합체를 합성하기 위해 사용되었다. 이 고분자들은 (RO)(CF_3CH_2O)-P=N-Si$(CH_3)_3$; R = $CH_3OCH_2CH_2$-, $CH_3OCH_2CH_2OCH_2CH_2$-와 tris(trifluoroethoxy)-N-(trimethylsilyl)phosphoranimines의 중합에 의해서 얻어졌다(후자의 화합물을 전자의 화합물과 동시에 넣고 중합하면 랜덤 공중합체가 되고, 전자의 화합물의 중합 전환율이 99%에 이르렀을 때 후자의 화합물을 넣어 중합하면 블록 공중합체가 만들어진다). 다음과 같은 공중합체가 합성되었다 (그림 7−23).

그림 7−23
(RO)(CF_3CH_2O)-P=N-Si$(CH_3)_3$; R = $CH_3OCH_2CH_2$-, $CH_3OCH_2CH_2OCH_2CH_2$-와 tris(trifluoroethoxy)-N-(trimethylsilyl)phosphoranimines의 중합.

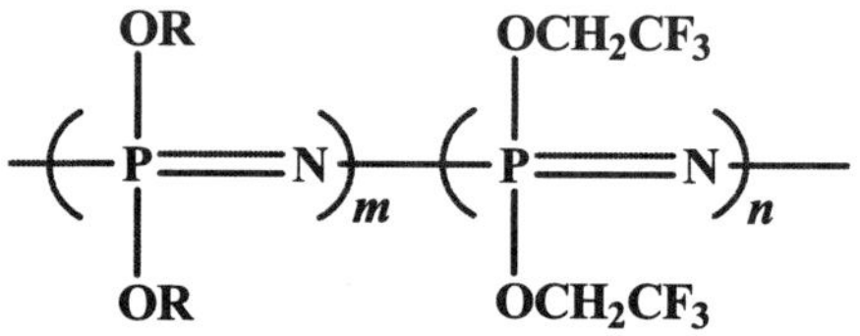

$$-\!\!\left(\begin{array}{c}OR\\|\\P\\|\\OR\end{array}\!=\!N\right)_m\!\!-\!\!\left(\begin{array}{c}OCH_2CF_3\\|\\P\\|\\OCH_2CF_3\end{array}\!=\!N\right)_n\!\!-$$

(R = $CH_3OCH_2CH_2$-, $CH_3OCH_2CH_2OCH_2CH_2$-)

위 고분자의 분자량은 8000~187000이고 분자량 분포는 1.17~2.34이었다. 고분자의 열적 특성은 시차주사열량측정법(DSC)과 온도변화 넓은각 X-ray 산란법으로 연구되었다. 이 연구 결과로부터 블록 공중합체는 랜덤 공중합체보다 더 결정성이 컸고,

유리전이온도는 −60~−54℃였다. 플루오르 개시제에 의해서 개시되는 중합 반응은 그림 7−24와 같은 메커니즘으로 진행된다.

그림 7−24
플루오르 음이온에 의해 개시된 phosphoramine의 중합 반응 메커니즘.

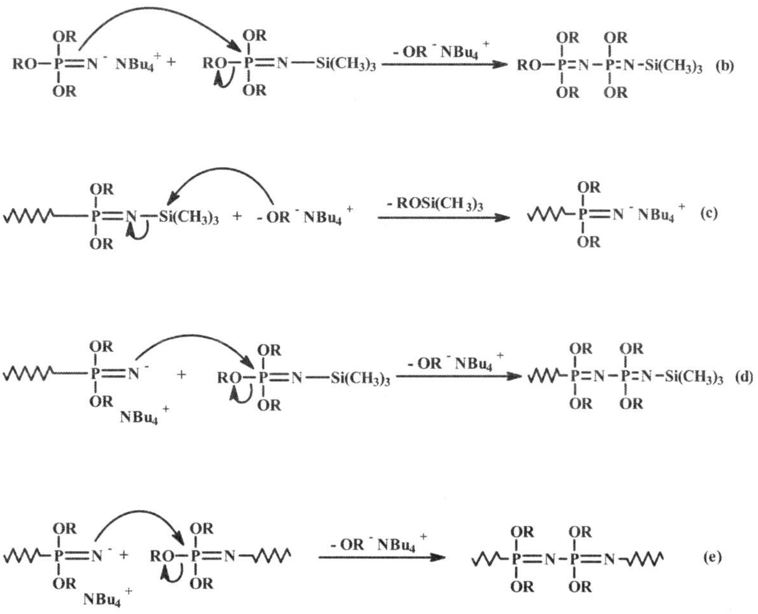

중합 개시 반응은 phosphoranimine 단위체의 규소를 플루오르 음이온이 친핵성 공격하여 포스파젠 음이온과 트리메틸실리 플로라이드를 생성하는 반응이다 (반응 (a)). 반응 (a)에서 생성된 포스파젠 음이온은 다른 phosphoranimine 단위체의 인 원자를 친핵성 공격하여 반응 (a)와 같이 P—N—P 다리 결합을 형성한다. 전파단계에서는 반응 (b)에서 형성된 tetrabutylammonium alkoxide가 고분자 성장 사슬의 규소 원자를 친핵성 공격하여 포스파젠 음이온을 형성시킨다 (반응 (c)). 이 포스파젠 음이온이 phosphoranimine 단위체를 공격하여 새로운 P—N—P 결합을 형성한다. 낮은 전환율에서 고분자량의 고분자의 존재는 이 전파 반응이 개시 반응과 비교하여 매우 빠르게 진행됨을 의미한다. 반응 (e)에서와 같은 고분자 사슬 사이의 반응은 좀더 큰 분자량의 고분자를 생성시킨다. 이 반응은 100% 전환율이 된 후 분자량 대 시간의 느린 증가로 알 수 있다. 단위체로 또는 고분자로의 사슬전이 반응 (반응 (d), (e))은 그림 7-25에서 설명하였다. 그림 7-25에서 볼 수 있는 바와 같이 사슬전이 반응은 생성되는 포스파젠 고분자의 분자량을 낮게 하고 분자량 분포를 넓힌다. 이러한 사슬전이 반응은 $(CH_3OCH_2CH_2OCH_2CH_2O)_2(CF_3CH_2O)\text{-}P{=}N\text{-}Si(CH_3)_3$의 축합중합 반응에서 보다 중요해진다.

그림 7-25
$(CH_3OCH_2CH_2OCH_2CH_2O)_2(CF_3CH_2O)-P{=}N-Si(CH_3)_3$의 축합중합 반응 중의 사슬전이 과정.

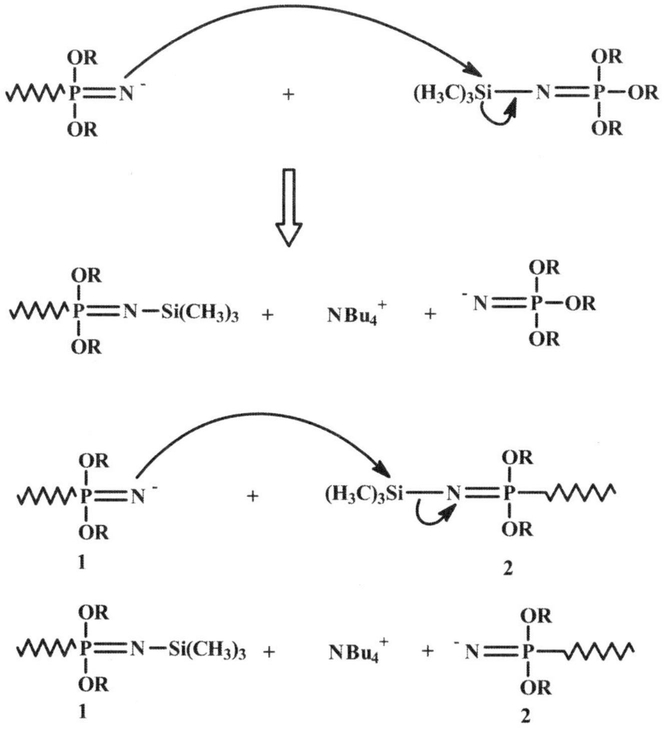

1993년 Neilson 등은 알킬-치환된 phosphoranimine의 음이온 중합이 또한 가능함을 보고하였다. 오염화안티몬 촉매를 사용한

tris(trifluoroethoxy)-N-(trimethylsilyl)phosphoranimine의 축합중합 반응은 고분자를 형성하지 못하고, 고리형 삼합체, 사합체와 함께 저분자량의 소중합체만을 생성함이 확인되었다. 이러한 결과는 TBAF를 촉매로 한 반응에서는 관찰되지 않은 결과이다. 이 반응의 메커니즘은 그림 7-26에서 나타낸 것처럼 양이온성 사슬조립에 의해 진행되는 것으로 추정된다. 이 메커니즘의 경로 (a)는 선형 사슬 전파과정과 매우 유사한 반면 반응 경로 (b)는 분기점 형성에 대한 가능성을 제시하였다.

그림 7-26

오염화안티몬 촉매를 사용한 phosphoranimine의 중합 반응.

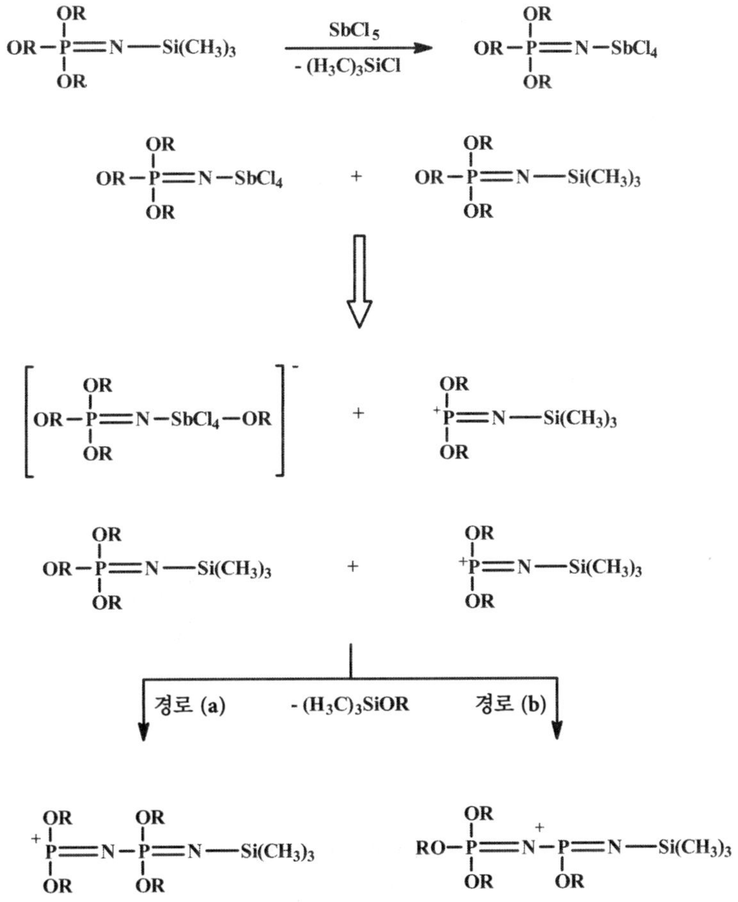

$$(RO)_3P{=}N{-}Si(CH_3)_3 \xrightarrow[\text{- }(H_3C)_3SiCl]{SbCl_5} (RO)_3P{=}N{-}SbCl_4$$

$$(RO)_3P{=}N{-}SbCl_4 + (RO)_3P{=}N{-}Si(CH_3)_3$$

$$\Downarrow$$

$$\left[(RO)_3P{=}N{-}SbCl_4{-}OR\right]^- + {}^+P(OR)_2{=}N{-}Si(CH_3)_3$$

$$(RO)_3P{=}N{-}Si(CH_3)_3 + {}^+P(OR)_2{=}N{-}Si(CH_3)_3$$

경로 (a) - $(H_3C)_3SiOR$ 경로 (b)

$$\text{경로 (a): } {}^+P(OR)_2{=}N{-}P(OR)_2{=}N{-}Si(CH_3)_3$$

$$\text{경로 (b): } RO{-}P(OR)_2{=}N{-}\overset{+}{P}(OR){=}N{-}Si(CH_3)_3$$

7-2-4 포스핀아지드 중간체를 이용한 폴리오르가노포스파젠의 합성

1960년에 아지드 나트륨과 클로로포스파진의 반응을 통해 고리 포스파젠 또는 폴리오르가노포스파젠을 합성할 수 있음이 보고되었다(그림 7-27).

그림 7-27
아지드 나트륨과 클로로포스파진의 반응에 의한 고리 포스파젠 또는 폴리오르가노포스파젠 합성.

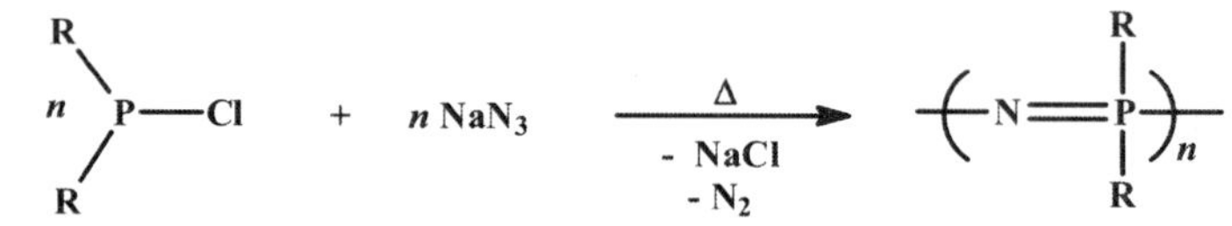

$$n\,R_2P{-}Cl + n\,NaN_3 \xrightarrow[-\,NaCl,\ -\,N_2]{\Delta} {-}\!\left(N{=}PR_2\right)_n\!{-}$$

예를 들면, 페닐디클로로포스핀, 디페닐클로로포스핀 또는 페닐디클로로포스핀/디페닐클로로포스핀의 혼합물과 아지드 나트륨의 반응은 고리형 사합체인 $N_4P_4(C_6H_5)_8$과 $N_4P_4Cl_2(C_6H_5)_6$을 생성한다. 1965년 트리메틸실릴아지드와 디페닐클로로포스핀을 반응시켜 고리형 삼합체인 $N_3P_3(C_6H_5)_6$을 얻을 수 있음이 보고되었다 (그림 7-28).

그림 7-28
트리메틸실릴아지드와 디페닐클로로포스핀의 반응에 의한 고리형 삼합체인 $N_3P_3(C_6H_5)_6$의 합성.

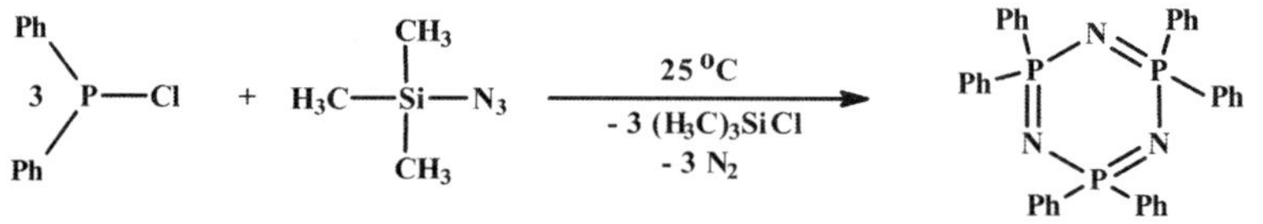

$$3\,Ph_2P{-}Cl + H_3C{-}Si(CH_3)_2{-}N_3 \xrightarrow[-\,3\,(H_3C)_3SiCl,\ -\,3\,N_2]{25\,^{0}C} N_3P_3Ph_6$$

일반적으로, 그림 7-29에서 보는 바와 같이, 3가 인 화합물과 트리메틸실리아지드의 Staudinger 반응은 phosphoranimine과 포스핀아지드를 생성한다.

그림 7-29

3가 인 화합물과 트리메틸실리아지드의 Staudinger 반응에 의한 phosphoranimine과 포스핀아지드의 생성.

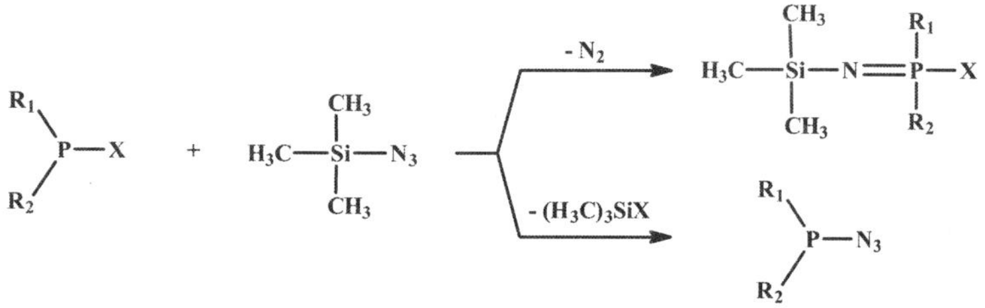

위 반응에서 얻어지는 phosphoranimine과 포스핀아지드(Phosphine Azide)는 모두 폴리포스파젠의 전구물질로서, 폴리포스파젠을 합성할 수 있는 좋은 가능성을 가지고 있다. 특히, 폴리아릴과 폴리알콕시/알킬 포스파젠 고분자의 합성에 유리하다. 이 반응으로 합성된 최초의 폴리오르가노포스파젠은 1992년 Matyjazewski 등에 의해서 보고되었는데, bis(trifluoroethyl)(phenyl)phosphonite와 트리메틸실리아지드의 반응으로 얻어졌다(그림 7-30).

그림 7-30

Bis(trifluoroethyl)(phenyl)phosphonite와 트리메틸실리아지드의 반응에 의한 폴리오르가노포스파젠의 합성.

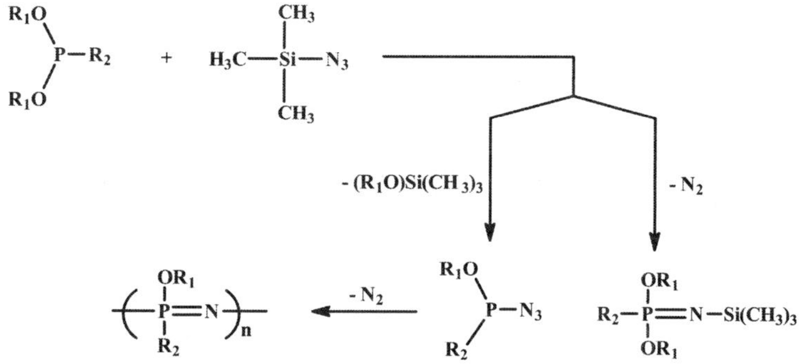

무용매, 70°C에서 실행된 이 반응은 phosphoranimine $(CF_3CH_2O)_2(C_6H_5)P{=}N{-}Si(CH_3)_3$과 비정질, 입체화학적으로 무질서한 poly[(phenyl)(trifluoroethoxy)phosphazene)을 60~80%의 수율로 얻을 수 있었다. 반응 온도가 증가함에 따라 수율은 감소하였다. 얻어

진 고분자의 분자량은 M_n = 10000~15000이었고, 분자량 분포는 1.7이었는데, 촉매량의 음이온을 사용하였을 때 분자량은 증가되지 않았다. 이 고분자의 유리전이온도는 −31℃였는데, H. Allock 등이 폴리디플루오르포스파젠, 페닐리튬, 트리플루오르에톡시 나트륨으로 합성하여 얻는 고분자와는 차이가 있었다 (T_g = 45℃ phenyl기를 48% 포함하고 있는 고분자에 대해서).

폴리디알릴포스파젠, 예를 들면 폴리디페닐, 폴리페닐 *o*-톨릴, 폴리페닐 *p*-톨릴은 또한, trifluoroethoxy-diphenyl, phenyl-*o*-tolyl-trifluoroethyl 그리고, phenyl-*p*-tolyl-trifluoroethyl phosphonite와 trimethylsilyl azide를 디글라임 또는 디페닐에테르 용매에서 반응시켜 합성할 수 있다. 얻어진 폴리디페닐포스파젠은 높은 결정성을 가졌다. 반면 폴리페닐톨릴포스파젠은 120℃(*o*-톨릴), 83℃(*p*-톨릴)의 유리전이온도를 가지는 비결정질 고분자이다. 분자량은 폴리디페닐포스파젠에 대해서 M_n = 4400 (디글라임), 9400(디페닐에테르). Bimodal 분자량 분포 M_w = 20000~25000 와 M_w = 2000~3000은 톨릴이 결합된 고분자에서 얻어졌다. 최종적으로 폴리디페닐포스파젠의 구조적 열적거동은 DSC에 의해서 연구되었는데 명확하게 두 개의 메조 상전이의 존재를 보여주었다.

7-3 폴리헤테로포스파젠의 합성

고분자 주쇄에 인과 질소 이외의 원소를 포함하는 폴리포스파젠인 폴리헤테로포스파젠의 합성에 대한 연구는 지난 10년 동안 상당한 관심의 대상이 되어왔다. 폴리헤테로포스파젠 합성 분야에서의 연구는 폴리포스파젠 고분자의 화학구조에 탄소, 황(IV) 그리고, 금속 원자를 포함하는 공중합체의 합성과, 고분자의 주쇄에 유기또는 무기 공간기(spacer group)가 도입된 고분자 합성에 관한 것이었다.

7-3-1 폴리카르보포스파젠의 합성

폴리카르보포스파젠은 유기 포스파젠 고분자 주쇄의 세 개의 인 원자 중 하나가 탄소로 치환된 구조를 갖는 폴리헤테로포스파젠이다. 이 고분자의 구조는 그림 7-31과 같다.

그림 7-31
폴리카르보포스파젠의 구조.

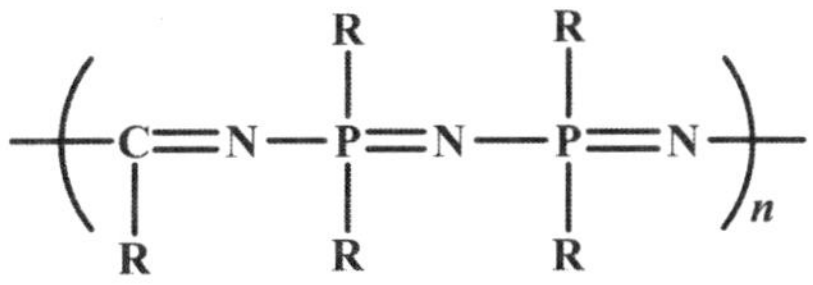

$$\left[-C(R)_2{=}N-P(R)_2{=}N-P(R)_2{=}N- \right]_n$$

(단, R = 알콕시, 아릴옥시, 또는 아릴아미노페닐 등)

폴리카르보포스파젠의 합성은 일반적으로 고리 단위체인 펜타클로로카르보포스파젠의 열개환중합에 의해 이루어진다(그림 7-32).

그림 7-32
고리 단위체인 펜타클로로카르보포스파젠의 열개환중합에 의한 폴리카르보포스파젠의 합성.

$$\text{(CCl)(PCl}_2)_2\text{N}_3 \xrightarrow{120^{\circ}C} \left[-C(Cl){=}N-P(Cl)_2{=}N-P(Cl)_2{=}N- \right]_n$$

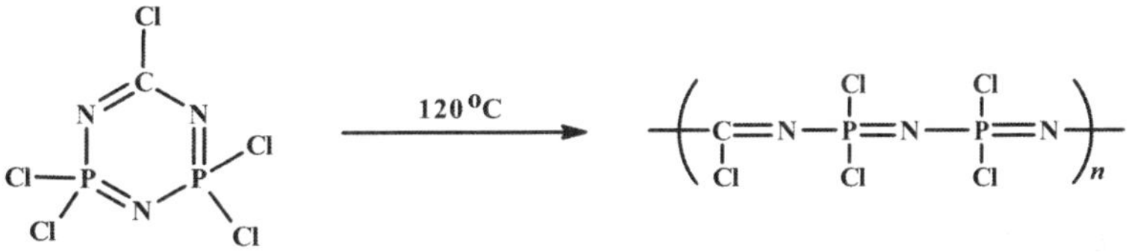

중합 반응 과정은 헥사클로로시클로포스파젠의 중합에서 설명된 것과 유사하게 진행되며, 헥사클로로시클로트리포스파젠의 중합 온도보다 훨씬 낮은 온도인 120°C에서 진행되며, 거의 정량적으로 반응한다. 생성된 고분자인 폴리펜타클로로카르보포스파젠을 과량의 친핵체와 반응시키면 폴리오르가노카르보포스파젠 고분자를 얻을 수 있다.

이 중합 반응을 ^{31}P-NMR로 연구한 결과 두 가지 반응 경로가 펜타클로로카르보포스파젠의 열분해 과정 중에 존재함이 보고되었다. 즉, 펜타클로로카르보포스파젠의 개환중합 반응과 더 큰 크기의 카르보포스파젠으로의 고리 확장 반응이다. 고리 확장 반응은 질량분석법에 의해서도 확인되었는데, 더 높은 온도로의 가열은 고리가 확장된 카르보포스파젠의 개환중합 반응을 일으켜 고분자로 변환된다.

폴리카르보포스파젠은 유리전이온도가 폴리포스파젠보다 일반적으로 높은데, 예를 들어 폴리펜타클로로카보포스파젠은 유리전이온도가 −21°C이고 폴리디클로로포스파젠은 −66°C이다. 주목할 만한 것은 폴리펜타클로로카보포스파젠을 디페닐아민으로 먼저 반응시키면 C−Cl만을 선택적으로 치환시키므로, 이어서 P−Cl을 CF_3CH_2ONa 등의 다른 친핵체로 치환하여 주쇄의 탄소와 인 원자에 선택적으로 치환된 구조의 폴리카르보포스파젠을 얻을 수 있다.

7-3-2 폴리티오포스파젠의 합성

폴리티오포스파젠은 폴리포스파젠의 주쇄의 세 개의 인 원자 중 하나가 황(IV)으로 대체된 고분자이다. 이 고분자의 구조는 그림 7-33과 같다.

$$\left(S(Cl)=N-P(R)_2=N-P(R)_2=N \right)_n$$

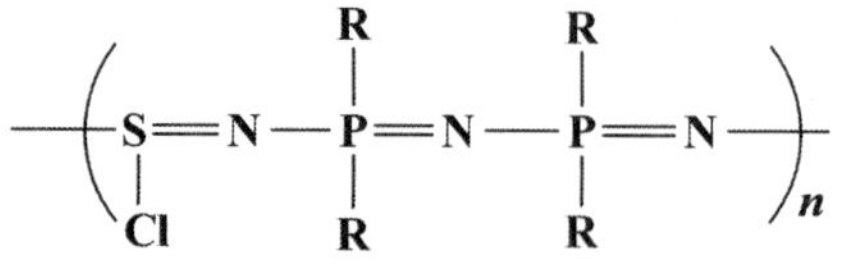

(단, R은 일반적으로 아릴옥시기)

그림 7-33
폴리티오포스파젠의 구조.

폴리티오포스파젠은 폴리카르보포스파젠의 경우에서처럼 염소가 치환된 고리 단량체를 90°C의 진공에서 열개환중합에 의해 얻을 수 있다. 중합 반응은 그림 7-34와 같다.

그림 7-34
열개환중합에 의한 폴리티오포스파젠의 합성 반응.

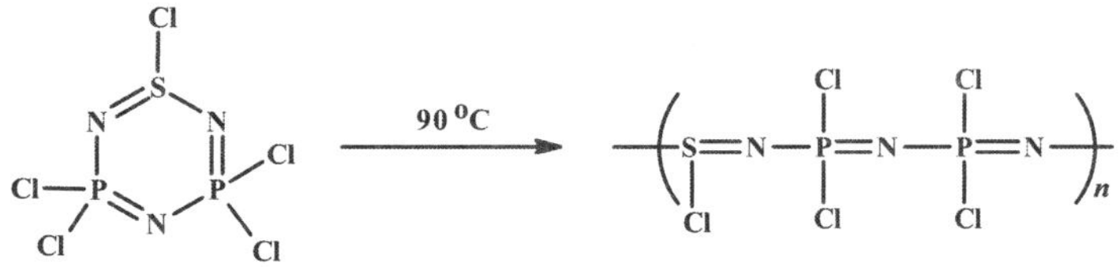

폴리클로로티오포스파젠의 염소 원자는 친핵체인 아릴옥사이드와 친핵성 치환 반응을 통해 폴리(아릴옥사이드-티오포스파젠)을 얻을 수 있다. 반응 과정은 그림 7-35와 같다.

그림 7-35
폴리티오포스파젠의 친핵성 치환 반응 특성.

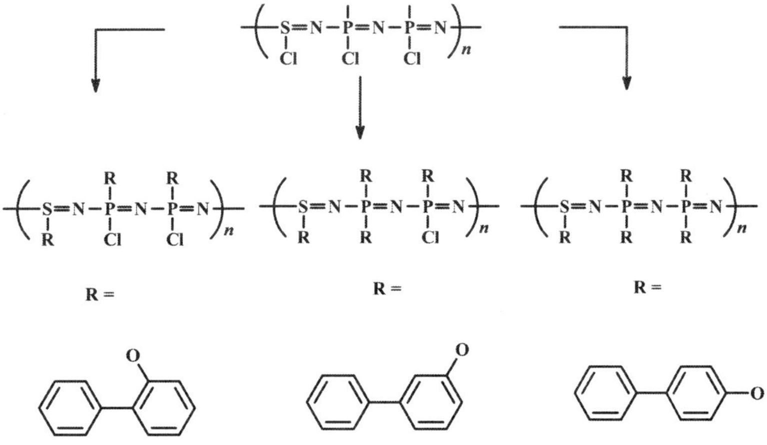

위 그림을 보면 폴리티오포스파젠의 P-Cl과 S-Cl은 사용된 친핵체의 친핵성과 입체화학적 장애의 정도에 따라 부분적으로 또는 모두 치환됨을 알 수 있다. poly[pentakischloro(thio)phosphazene)]에서 S-Cl의 반응성은 P-Cl에 비해 상당히 높은 것으로 알려졌는데, 이 고분자의 치환 반응의 주의깊은 조절에 의해 폴리[tetrakischloro(organothio) phosphazene)을 합성할 수 있고, P-Cl에 다른 친핵체를 도입하여 다양

한 물성을 가진 폴리티오포스파젠 고분자를 얻을 수 있다. 그 예는 그림 7-36에 요약하였다.

폴리카르보포스파젠에서 알 수 있었던 것처럼, 폴리티오포스파젠은 또한 동일한 치환기를 갖는 폴리오르가노포스파젠보다 더 높은 유리전이온도를 가진다.

그림 7-36
폴리티오포스파젠에서의 치환 반응.

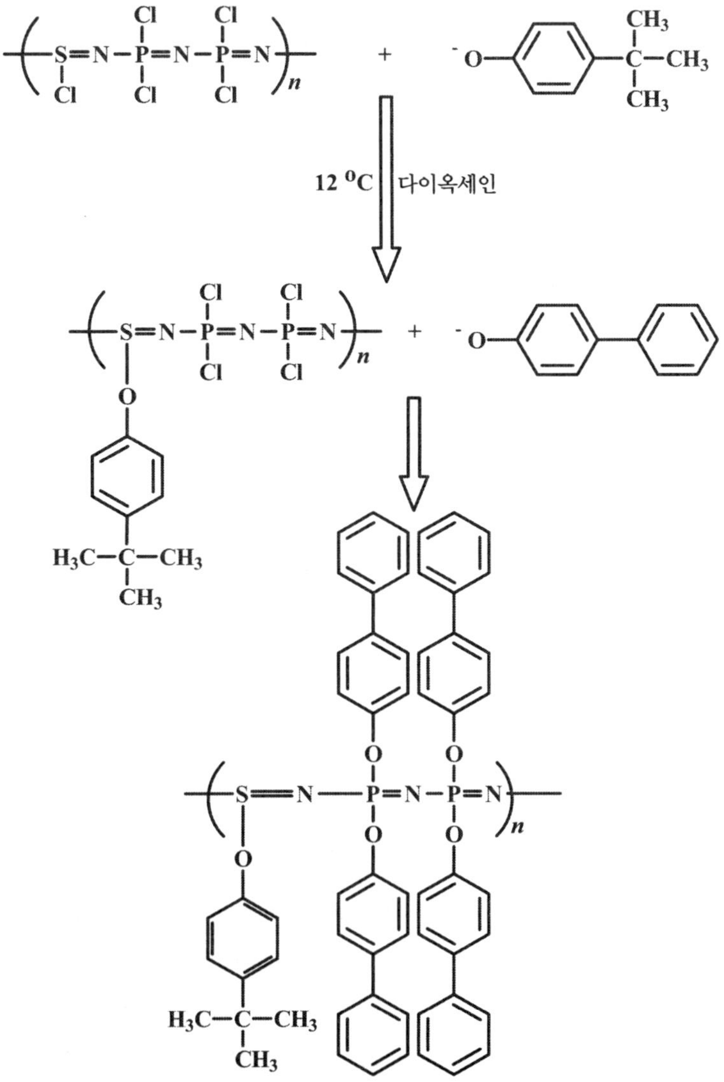

7-3-3 폴리티오닐포스파젠의 합성

폴리티오닐포스파젠의 일반적인 구조는 그림 7-37과 같으며, 이 고분자에 관한 연구는 Ian Manner 등에 의해서 이루어졌는데, 폴리티오포스파젠보다 안정한 황 원자를 포함하는 포스파젠 고분자 합성의 일환으로 연구되었다.

그림 7-37
폴리티오닐포스파젠의 일반적인 구조.

$$\left(\overset{O}{\underset{X}{S}} = N - \overset{Cl}{\underset{Cl}{P}} = N - \overset{Cl}{\underset{Cl}{P}} = N \right)_n$$

X = Cl, F

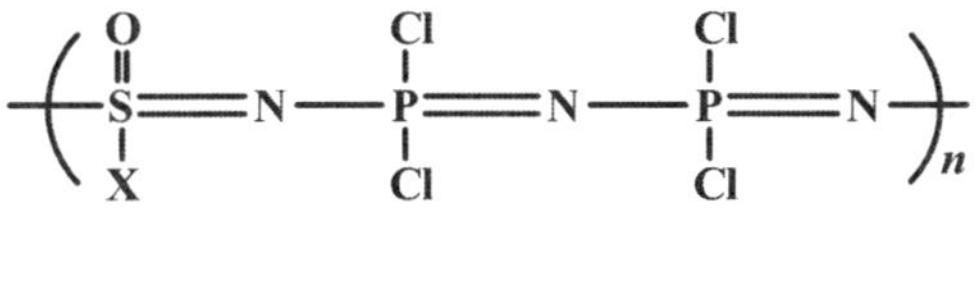

폴리티오닐포스파젠에 존재하는 S=O는 poly(ether sulfone)이나 고리형 소중합체(티오닐시클로포스파젠)의 여러 가지 다른 형태로 존재하는데, 모두 상당히 안정한 화합물이라는 것이 알려져 있어서 포스파젠에 6가의 황, 즉, S=O가 도입된 고분자는 상당한 안정성을 줄 것으로 기대되었다. 위에서 이미 언급된 폴리카르보포스파젠과 폴리티오포스파젠처럼, 폴리티오닐포스파젠도 저분자량의 고리 소중합체를 열개환중합시켜 합성할 수 있다. 열개환중합에 의한 폴리티오닐포스파젠의 합성 반응은 그림 7-38과 같다.

그림 7-38
열개환중합에 의한 폴리티오닐포스파젠의 합성 반응.

$$\xrightarrow{\Delta} \left(\overset{O}{\underset{X}{S}} = N - \overset{Cl}{\underset{Cl}{P}} = N - \overset{Cl}{\underset{Cl}{P}} = N \right)_n$$

X = F 일 때 180°C,
X = CL 일 때 165°C

X = Cl, F

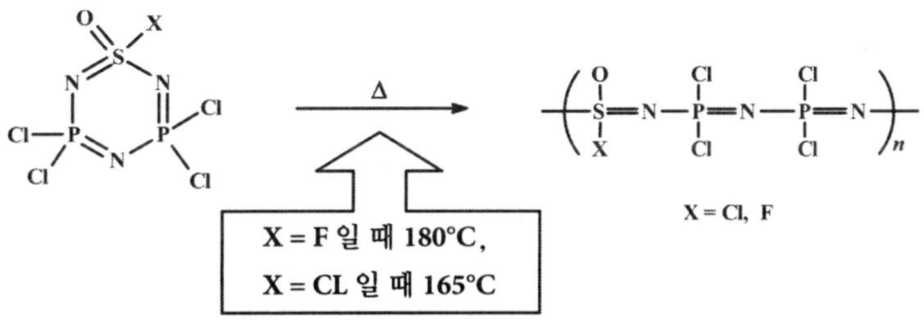

개환중합 반응의 메커니즘은 그림 7-39에 제시하였다.

그림 7-39

Tetrachloro-monohalo(thionyl) cyclophosphazene의 열개환중합 반응 메커니즘.

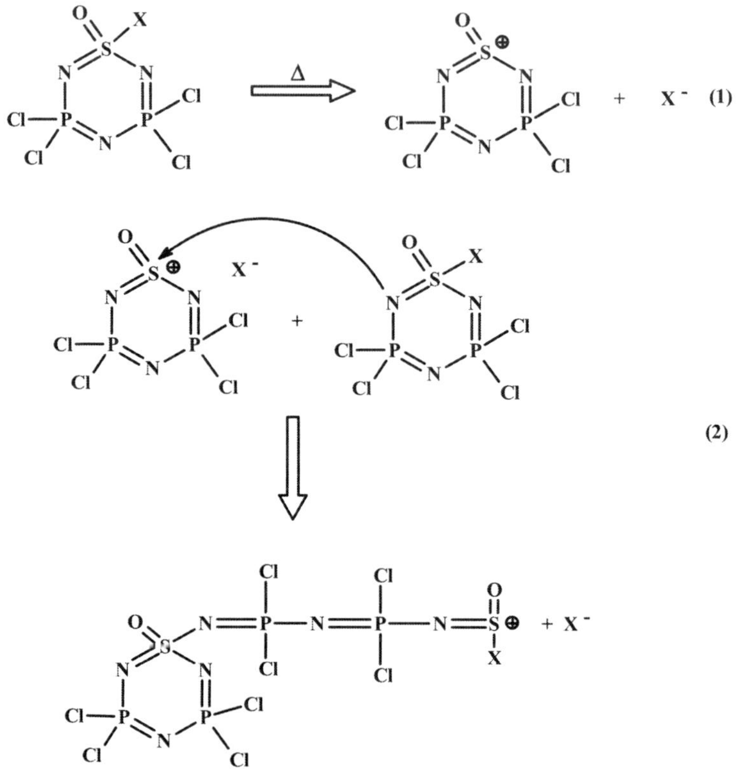

중합 반응의 개시단계는 양이온성 메커니즘에 따라 진행되는데, 위 그림의 반응 (1)과 같이 S-X의 불균일 분해에 의한 황 양이온의 형성을 기본으로 한다. 형성된 이 양이온은 단위체인 티오닐시클로포스파젠 중의 질소 원자의 친핵성 공격을 받게 되고, 양이온은 고분자 성장사슬로 이동한다. 사슬 정지 반응은 낮은 온도에서 일어나는 성장사슬의 양이온과 음이온의 재결합에 의해 일어날 것으로 예상된다. 이 메커니즘은 헥사클로로시클로포스파젠의 무용매 열 중합과 매우 유사하다.

이렇게 합성된 poly(thionylchlorophosphazene)은 여러 가지 친핵체로 고분자 사슬에 있는 염소를 치환시킴으로써 가수분해에 매우 안정한 폴리티오닐포스파젠을 합성할 수 있다. 재미있는 점은 폴리티오포스파젠의 경우와는 다르게 폴리티오닐포스파젠의 경우, 황에 결합된 염소는 친핵체에 의해 치환되지 않고 남아 있고, 단지 인에 결합된 염소만이 치환된 고분자를 생성한다. 황에 결합된 염소를 친핵체로 치환하기 위해서 높은 온도, 긴 반응 시간, 높은 친핵체 농도 등 여러 가지 시도가 행해졌으나 모두 실패하였고, 고분자의 분해와 분자량의 감소만이 관찰되었다.

7-3-4 폴리메탈로포스파젠의 합성

최근에, 폴리포스파젠의 고분자 주쇄에 몰리브덴이나 텅스텐과 같은 금속원자를 포함하는 포스파젠 고분자의 합성이 Roesky와 Luke에 의해 보고되었는데, 금속원자를 포함하는 고리형 포스파젠 단위체의 열개환중합에 의해서 이루어졌다 (그림 7−40).

그림 7−40

금속원자를 포함하는 고리형 포스파젠 단위체의 열개환중합.

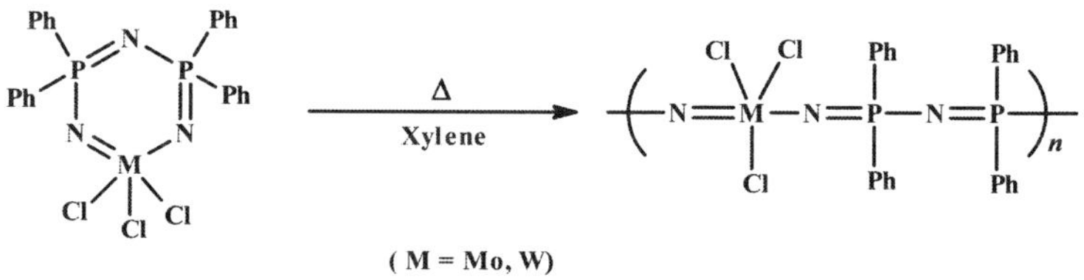

위 반응에서 사용된 고리 단위체들은 그림 7−41과 같은 포스파젠과 WCl_6, $MoCl_6$를 반응시켜 각각 합성할 수 있다.

그림 7−41

페닐그룹이 치환된 선형 포스파젠 소중합체.

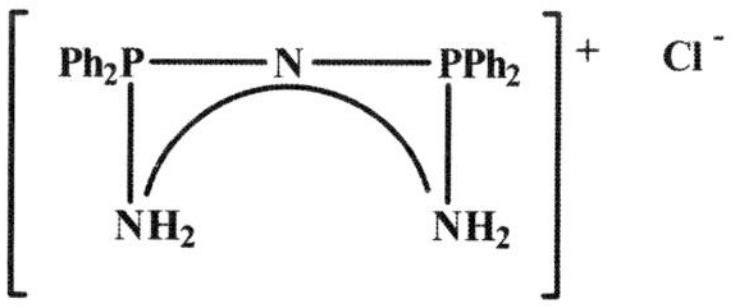

이 고분자들은 매우 안정한 물질로서, 끓는 물에서도 가수분해 반응에 대한 저항성을 가지고 있으며, 분해 온도도 상당히 높은 편이다.

7-3-5 고분자 주쇄에 유기 또는 무기 spacer group을 포함하는 폴리포스파젠의 합성

방향족 용매에서 디포스피노알킬 또는 아릴 화합물과 디아지드 유도체 사이에서 일어나는 staudinger 반응은, 온화한 반응조건에서 −P=N−고분자 주쇄 사이에 유기 또는 무기 spacer group을 포함하는 폴리포스파젠을 생성할 수 있게 한다. 이 반응의 일반적인 과정은 그림 7−42에 나타내었다. 또한 지금까지 도입된 몇 가지 spacer group을 표 7−2에 정리하였다.

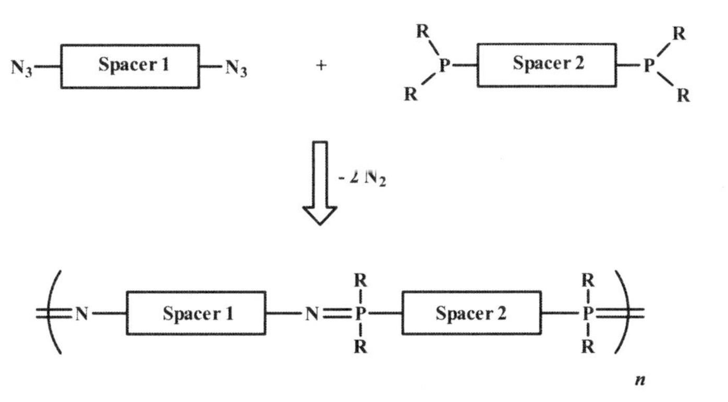

그림 7−42
디포스피노화합물과 디아지드 유도체간의 Staudinger 반응.

이 고분자는 폴리포스파젠의 고유의 특성뿐 아니라 삽입된 spacer group에 따른 독특한 물성을 가지게 된다. 유기 spacer group을 가진 포스파젠 고분자의 예를 그림 7−43에 나타내었다. 이 고분자는 1,4-페닐디아지드와 에탄-1,2-디클로로포스핀의 반응에 의해서 합성할 수 있는데, 고분자 주쇄의 인 원자에 친핵체에 의해 치환될 수 있는 염소 원자를 가지고 있다. 염소 원자를 폴리에틸렌옥사이드로 치환하여 에틸렌옥사이드를 포함하는 폴리포스파젠 고분자를 합성할 수 있다.

이 고분자는 Ag^+ 염과 혼합되었을 때 독특한 전기전도성을 나타내는 고체 전해질의 호스트 고분자로 알려져 있다.

그림 7-43
유기 spacer group을 가진 포스파젠 고분자.

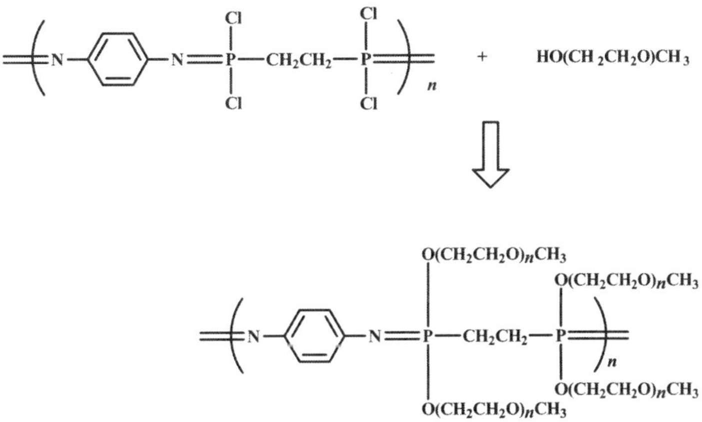

표 7-2
spacer의 종류.

Spacer 1	Spacer 2
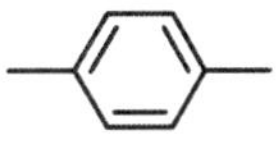 (p-phenylene)	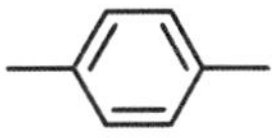 (p-phenylene)
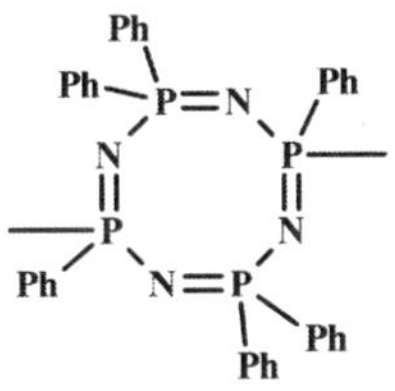 (cyclic tetramer: Ph₂P=N, PhP, Ph)	$—(CH_2)_4—$
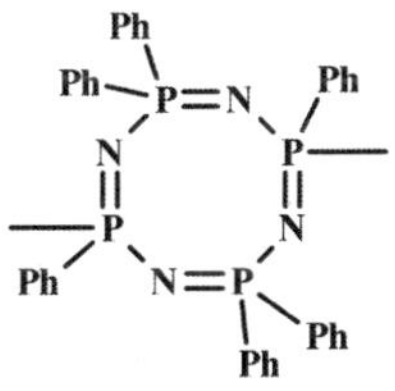 (cyclic tetramer: Ph₂P=N, PhP, Ph)	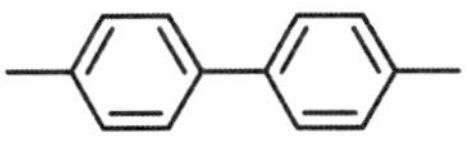 (biphenylene)

—Si(Ph)(Ph)—	$—(CH_2)_x—$
—C_6H_4—	$—(CH_2)_x—$
CH_3, N, P, S, P, S, N, CH_3	$—(CH_2)_x—$

7-4 포스파젠 수지(포스파젠 결합을 포함하는 가교된 폴리포스파젠)

7-4-1 고리 포스파젠 수지(고리 포스파젠 단위를 포함하는 가교된 폴리포스파젠)

고리 포스파젠 수지(Cyclomatrix)는 고리 포스파젠이 3차원적으로 가교되어 그물망 구조를 가지고 있는 포스파젠 고분자 수지이다. 이 수지의 합성은 헥사클로로시클로트리포스파젠과 같이 반응성이 큰 염소 원자를 포함하거나 3개 또는 그 이상의 반응성이 있는 화학 작용기 (예, $-NH_2$, $-OH$, $-NCO$, NO_2, 이중 결합, 삼중 결합 등)를 가지고 있는 고리 포스파젠 유도체의 다관능성에 의존한다. 3관능성 이상의 관능기가 고리 포스파젠 유도체에 존재할 때 이 관능기의 화학적 반응성에 따라 여러 가지 방법에 의해 매우 큰 가교 밀도를 가지고 있고, 고리형 포스파젠 단위를 포함하는 포스파젠 수지를 합성할 수 있다. 이 고리 포스파젠 단위를 포함하는 수지는 매우 재미있고 특별한 물성을 나타낸다. 지금까지 알려진 고리 포스파젠 수지의 합성법들은 다음과 같다.

7-4-1-1 *부가 반응에 의한 고리 포스파젠 수지의 합성*

이 합성법은 이중 결합 또는 삼중 결합과 같은 불포화 결합을 포함하는 고리 포스파젠을 부가중합 반응으로 가교시키는 방법이다. 부가반응을 일으킬 수 있는 불포화 결합을 도입하는 방법들은 다음과 같다. 첫째, 헥사클로로시클로트리포스파젠에 알릴알코올 또는 알릴아민을 반응시키는 방법이다. 이 방법에 의해 합성된 고리형 포스파젠은 그림 7-44와 같다.

그림 7-44

헥사클로로시클로트리포스파젠에 알릴알코올 또는 알릴아민을 반응함에 의해 고리형 포스파젠의 합성.

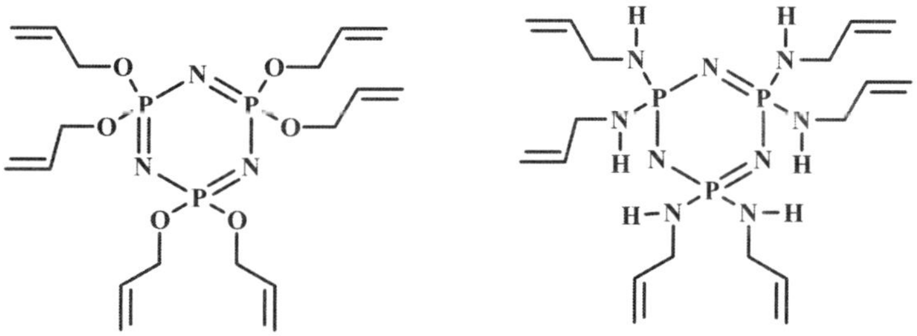

위 단위체들은 라디칼 개시제의 존재 하에서 가열, 적당한 광개시제의 존재 하에서 자외선 조사, 전자빔의 조사, 그리고 ene-thiol 광가교에 의해서 가교시켜 포스파젠 수지를 합성할 수 있다. 둘째, 헥사클로로시클로트리포스파젠의 염소 원자를 친핵체인 비닐 또는 알릴그룹을 가지는 페녹사이드로 치환하는 방법이다. 이런 친핵체의 예로서, sodium vinylphenoxide, allyl salicilate, allyl-4-hydroxybenzoate, 2-알릴페놀, 또는 isoeugenol이 있다. 이 방법에 의해 합성된 단위체들은 가열(때때로 라디칼 개시제의 이용), 가교제로서 pentaerythritol tetrakis(3-mercaptopropionate)를 이용한 ene-thiol induced photocrosslinking, 광 가교제의 이용, methyldianiline bismaleimide의 존재 하에서의 고온 경화 반응에 의해서 포스파젠 수지를 합성할 수 있다. 셋째, 헥사클로로시클로트리포스파젠의 염소 원자를 여러 가지 방법으로 쉽게 가교될 수 있는 반응성이 큰 메타크릴레이트 그룹으로 치환하는 방법이다. 예로서, hexakis(methacryloyloxyethoxy)cyclotriphosphazene이 있다(그림 7-45).

그림 7-45
Hexakis(methacryloyloxyethoxy)cyclotriphosphazene의 구조.

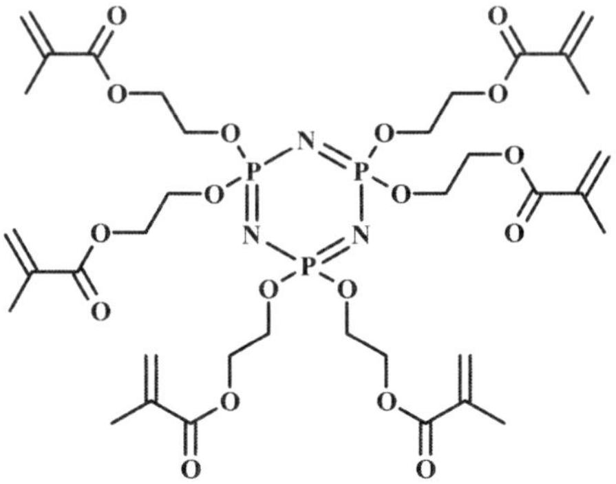

메타크릴레이트 그룹을 가지는 고리형 포스파젠의 합성법은 다음과 같다. ❶ 2-히드록시에틸메타크릴레이트 (HEMA) 또는 2-히드록시에틸아크릴레이트 (HEA)와 헥사클로로시클로트리포스파젠을 직접 반응시키는 것이다. ❷ 1,2-에탄디올의 모노나트륨염을 헥사클로로시클로트리포스파젠과 반응시키고, 이것을 methacryloyl chloride와 반응시킨다. ❸ 2-클로로에탄올과 헥사클로로시클로트리포스파젠을 반응시킨 후, 이것을 메타크릴레이트의 칼륨염과 반응시킨다. 이 세 가지 방법을 정리하면 그림 7-46과 같다.

그림 7-46
메타크릴레이트 그룹을 가지는 고리형 포스파젠의 합성법.

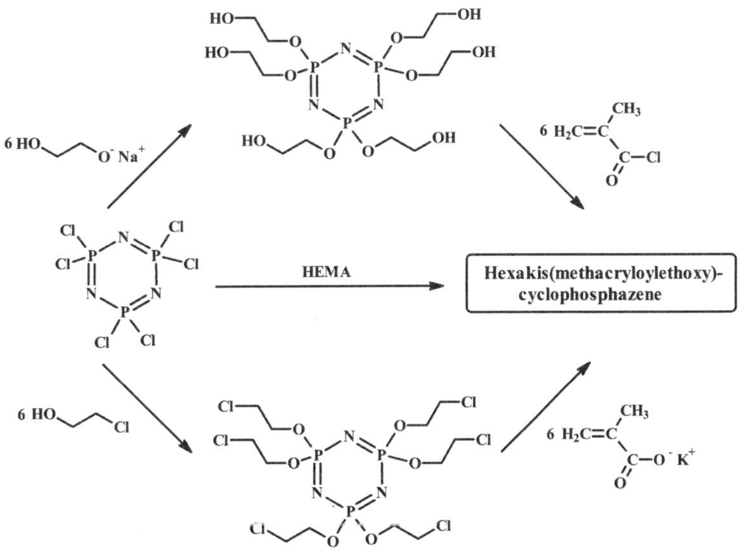

메타크릴레이트 또는 아크릴레이트 단위를 포함하는 고리 포스파젠을 합성하기 위한 또 다른 방법으로는, 헥사클로로시클로트리포스파젠 또는 2,2′,2″-트리플루오르에톡시시클로트리포스파젠과 메타(아크릴)레이트의 나트륨 또는 칼륨염을 반응시키는 것이다. 이 방법에 의해 합성된 단위체는 매우 쉽게 경화될 수 있는 고리 포스파젠이다. HEMA와 메타(아크릴)레이트 단위를 포함하는 고리 포스파젠은 적당한 광 개시제의 존재 하에서 자외선의 조사에 의해 3차원적으로 가교되어 포스파젠 수지를 생성할 수 있다.

넷째, 고리형 포스파젠에 말레이미드 (maleimide) 단위를 도입하는 방법이 있다. 이 연구는 Hitachi Ltd, Kumar, 그리고 NASA의 연구소에서 지난 10년간 연구되었는데, 최초로 아민 관능기 ($-NH_2$)를 포함하는 새로운 고리 포스파젠의 개발에 기여하였다. 예를 들면, hexakis(4-aminophenoxy)cyclophosphazene, tris(4-aminophenoxy)tris(phenoxy)cyclophosphazene, 2,2-bisphenyl-4,4,6,6-tetrakis(4-aminophenoxy)cyclophosphazene, 그리고

hexakis[4-(3′-nitrophthalimido)-phenoxy]cyclophosphazene을 들 수 있다. 이 포스파젠들은 헥사클로로시클로트리포스파젠 또는 부분적으로 치환된 클로로시클로트리포스파젠과 니트로페녹사이드를 반응시키고, 니트로기를 적절한 촉매를 사용하여 아민 ($-NH_2$)으로 환원시킨 후, maleic anhydride로 처리하여 maleamic acid 단위를 포함하는 고리 포스파젠을 합성한 후, 높은 온도로 처리하여 maleimide 단위를 포함하는 고리 포스파젠을 합성하였다. 이 합성 과정은 그림 7−47에 정리하였다. Maleimide 단위를 포함하는 고리 포스파젠을 합성하는 또 다른 방법으로는 클로로시클로트리포스파젠을 피리딘 존재 하에서 maleimide 단위를 포함하는 페놀(그림 7−48)과 직접 반응시키는 것이다.

그림 7−47

Maleimide 단위를 포함하는 고리 포스파젠의 합성.

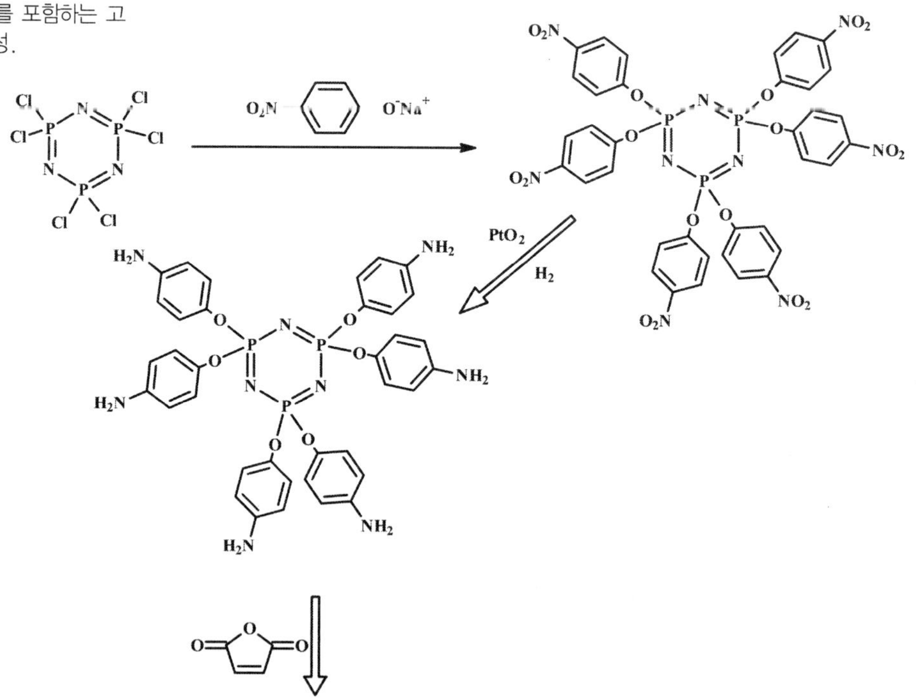

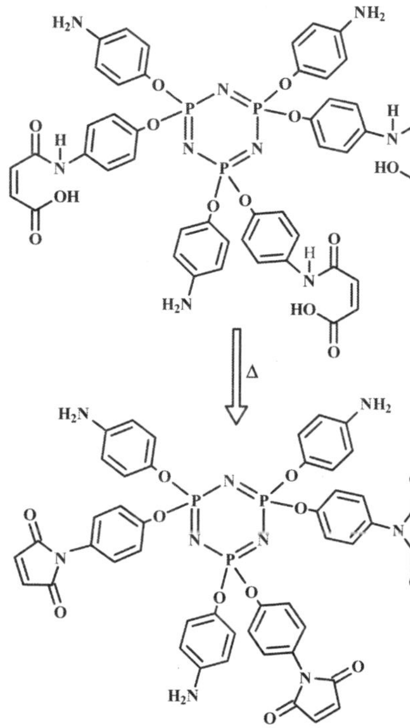

그림 7-48

Maleimide 단위를 포함하는 고리 포스파젠의 또 다른 합성.

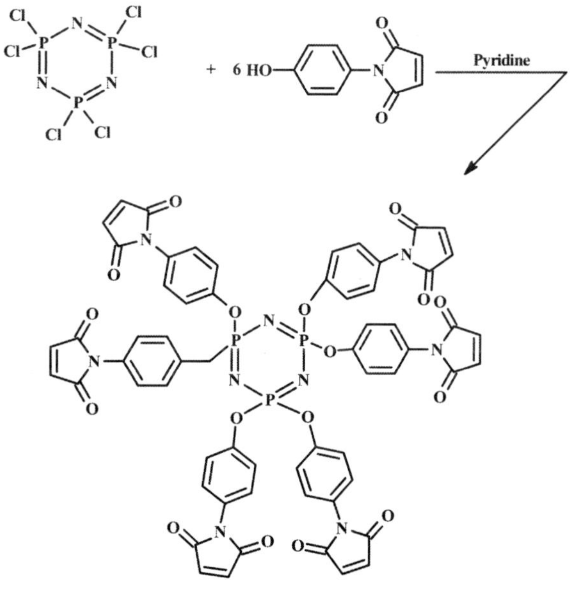

이와 같이 합성된 고리 포스파젠은 250~300℃에서 maleimide 단위의 열개환 반응에 의해 가교되어 포스파젠 수지를 생성할 수 있다. 이 포스파젠 수지는 열분해 온도가 약 400℃로서 아주 좋은 열적 안정성을 가지고 있고, TGA에서 매우 높은 세라믹 잔여 수율을 나타내었으며 (700~800℃에서 70~80%, 700~800℃), 또한 특별히 큰 난연성을 가진다. 더 나아가서, 생성되는 포스파젠 수지의 열 안정성을 유지하면서 유연성과 질김을 부여하기 위해, 아민화된 고리 포스파젠을 maleic anhydride와 반응시키고, pyromellitic anhydride, benzophenone tetracarboxylic dianhydride, 또는 4,4′-hexafluoroisopropylidenediphthalimide로 처리하여 얻어진 고리형 포스파젠을 열로 가교시키면 유연한 유기 단위를 포함하는 포스파젠 수지를 합성할 수 있다. 다섯째, Ethynyl 그룹을 시클로트리포스파젠에 도입하는 방법이다. Ethynyl 그룹을 포함하는 고리 포스파젠은 다음과 같다.

(1) 아민화된 고리형 포스파젠과 삼중 결합을 포함하는 산 염화물 또는 산 무수물을 반응시킨다. 반응과정은 그림 7-49와 같다.

그림 7-49

Ethynyl 그룹을 포함하는 고리 포스파젠의 합성.

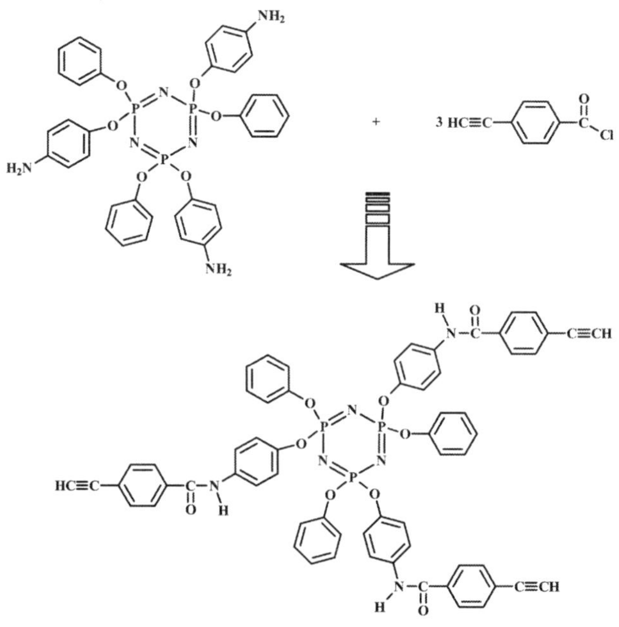

(2) Trimethylsilylaniline 또는 trimethylsilylphenol과 헥사클로로시클로트리포스파젠을 반응시키고, trimethylsilyl을 적절한 반응 조건에서 ethynyl 그룹으로 변화시켜, hexakis(4-ethynylanilino)cyclophosphazene 또는 hexakis(4-ethynylphenoxy)cyclophosphazene을 합성한다. 그 구조는 그림 7-50과 같다.

그림 7-50
Ethynyl 그룹을 포함하는 고리 포스파젠.

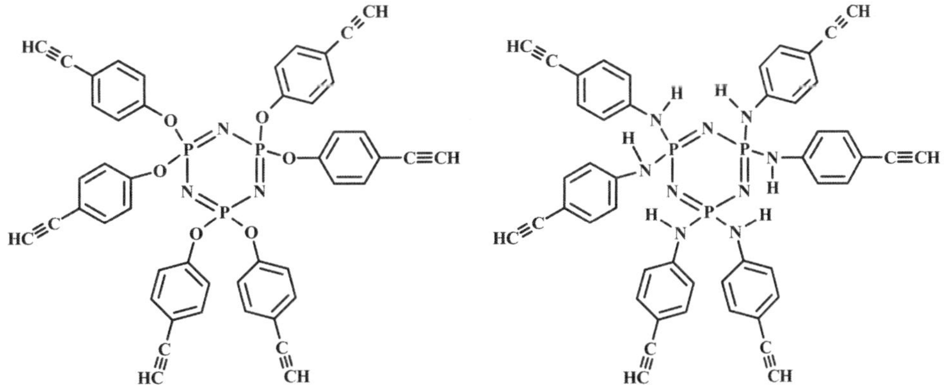

(3) 헥사클로로시클로트리포스파젠과 삼중 결합을 포함하는 알코올을 반응시킨다. 이 방법에 의해 생성된 고리 포스파젠의 예는 그림 7-51과 같다.

그림 7-51
Alkynyl 알코올 그룹을 포함하는 고리 포스파젠.

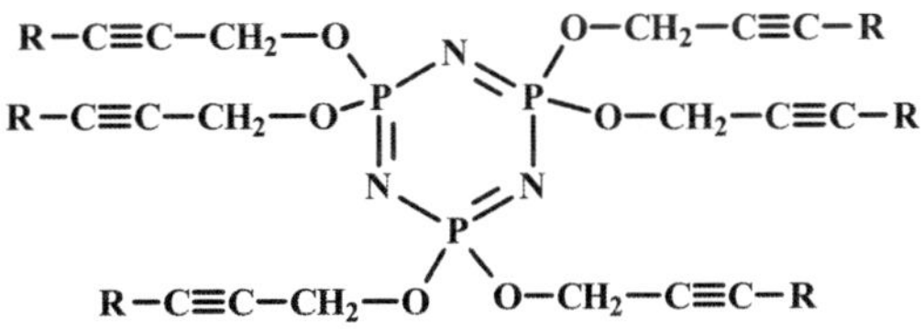

여섯째, 그림 7-52와 같이 alkenyl이 치환된 nadimidophenoxy 시클로트리포스파젠을 합성하는 방법이다. 위에서 합성된 고리 포스파젠은 휘발성 부생성물의 생성없이 가열에 의해서 쉽게 가교되어 열에 매우 안정하고, 난연성을 가지는 포스파젠 수지를 생성한다.

그림 7-52
Nadimidophenoxy 그룹을 포함하는 고리 포스파젠.

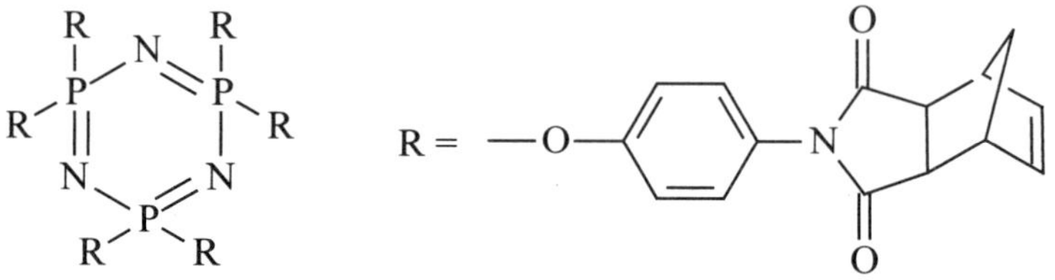

7-4-1-2 축합 반응에 의한 고리 포스파젠 레진의 합성

이 접근법은 헥사클로로시클로트리포스파젠 또는 부분적으로 치환된 클로로포스파젠의 $-OH$, $-NH_2$, NCO, $-NCS$, 등의 관능기를 가지는 유기 화합물에 대한 큰 친핵성 치환 반응성에 기초하여 일어나는 축합 반응을 통해 포스파젠 수지를 합성하는 방법이다. 클로로포스파젠과 반응성이 있는 관능기의 반응에 의한 중축합 반응을 통한 포스파젠 수지의 합성과정은 몇 가지로 요약할 수 있다.

(1) 다관능성 지방족 또는 방향족 알코올 또는 아민과 클로로포스파젠과의 반응을 통한 포스파젠 수지의 합성.
헥사클로로시클로트리포스파젠 또는 염소 원자가 부분적으로 페닐, 페녹시, 할로페녹시, 아민 그룹으로 치환된 클로로포스파젠은 hydroquinone, phloroglucinol, pyrogallol, cathecol, resorcinol, bisphenol A, bisphenol S, pentaerythritol, 4,4′-dihydroxybiphenyl, *o*-, *m*- 그리고 *p*-xylene glycols, 4,4′-dihydroxydiphenylsulfone, 4,4′-dihydroxydiphenylether, 2,2-bis(*p*−hydroxyphenyl)propane, 4,4′-dihydroxydiphenylurethane, siloxanes, diphenylsilanediol와 축합 반응을 일으

그림 7-53
다관능성 지방족 또는 방향족 알코올 또는 아민과 클로로포스파젠과의 반응을 통한 포스파젠 수지의 합성.

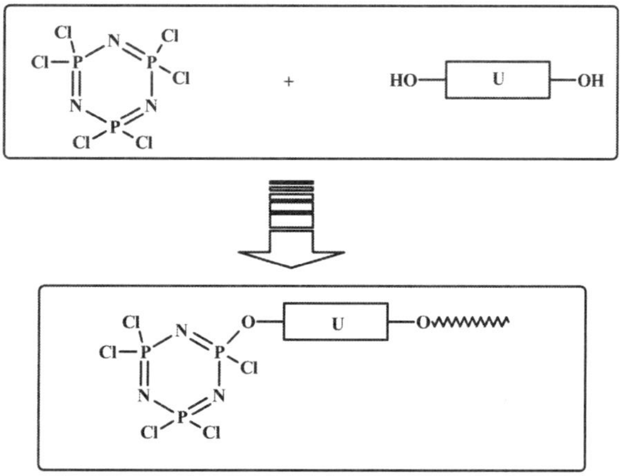

켜 고리 포스파젠 단위를 포함하는 수지를 형성할 수 있다. 이 반응에 대한 일반적인 반응 과정을 정리하면 그림 7-52와 같다.

폴리히드록시페놀은 3차 아민이 존재하지 않을 때 헥사클로로시클로트리포스파젠과 180℃ 이하의 온도에서 반응하지 않음이 보고되었다. 효과적인 축합 반응을 위해서는 온도가 200℃ 이상이 되어야 하지만, 피리딘이나, 퀴놀린 등의 HCl 스킵엔저 존재 하에서는 100℃ 정도의 온도에서도 반응이 가능하다. 위에서 예를 든, 폴리히드록시 화합물뿐 아니라, 디아민(*p*-phenylenediamine, benzidine, *p,p′*-diaminodiphenylether, *p,p′*-diaminodiphenylmethane, *p,p′*-diaminodiphenylsulfone, 3,3′-diaminobenzidine, 4,4′-bis-*p*-aminophenylhydroquinonether), 아미노페놀, 아미드 등은 클로로포스파젠과 반응을 통해 고리 포스파젠 수지의 합성에 이용되었다.

(2) $-OH$ 또는 $-NH_2$ 관능기를 포함하는 클로로포스파젠의 열에 의한 순중축합 반응으로 고리 포스파젠 수지 합성.

Kajiwara와 Saito 등은 아민 또는 히드록시기를 가지고 있는 클로로시클로포스파젠의 순중축합 반응을 연구하였다. 이들이 연구한 클로로포스파젠의 일반적인 구조는 그림 7-54와 같다.

그림 7-54

$-OH$ 또는 $-NH_2$ 관능기를 포함하는 클로로포스파젠의 열에 의한 순중축합 반응으로 고리 포스파젠 수지 합성.

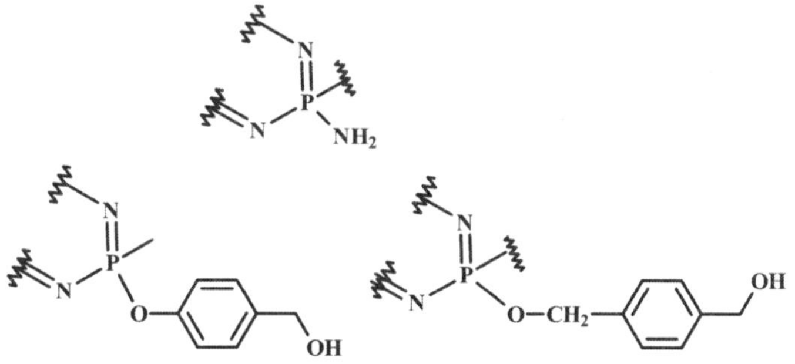

그림 7-55

고리형 포스파젠의 열처리 축합 반응에 의한 고도로 가교된 포스파젠 수지의 생성.

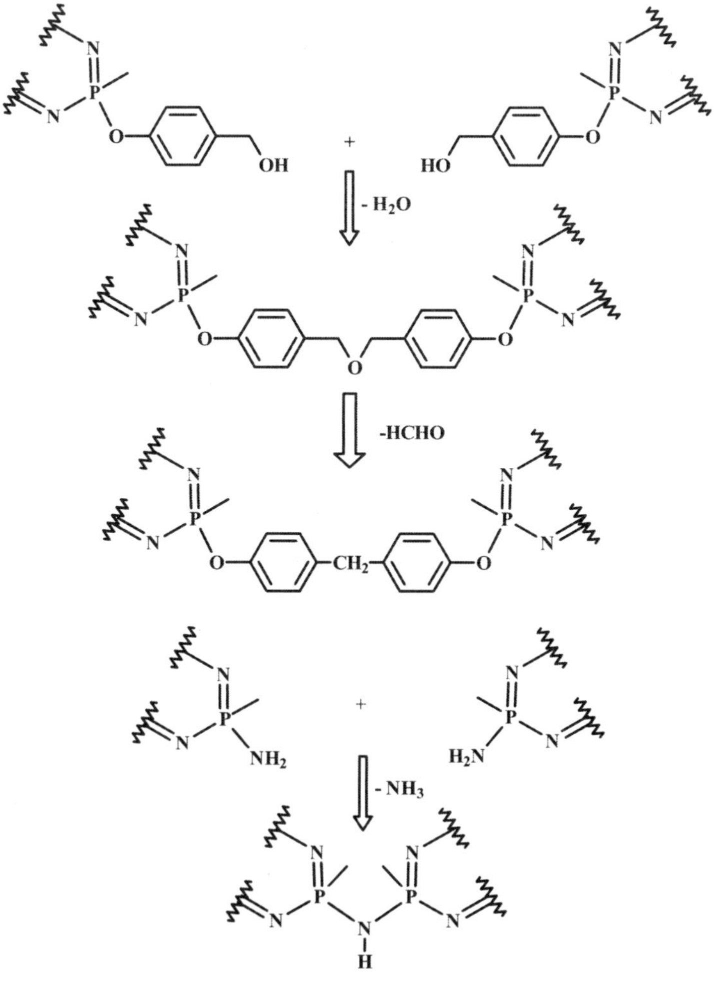

이 고리형 포스파젠을 열처리하면 축합 반응이 일어나 고도로 가교된 포스파젠 수지를 생성할 수 있다(그림 7−54).

위에서 설명한 고리 삼합체 이외에, N-methylol 치환체를 가지는 고리 포스파젠을 예로 들 수 있는데, 이것은 염기성 수용액상에서 포름알데히드와 아민화된 시클로포스파젠의 반응을 통해 합성할 수 있다 (그림 7−56). 이 고리 포스파젠은 열에 의한 중축합 반응으로 가교되어 고리 포스파젠 단위를 포함하는 수지를 생성한다.

그림 7−56

N-methylol 치환체를 가지는 고리 포스파젠의 열처리 축합 반응에 의한 고도로 가교된 포스파젠 수지의 생성.

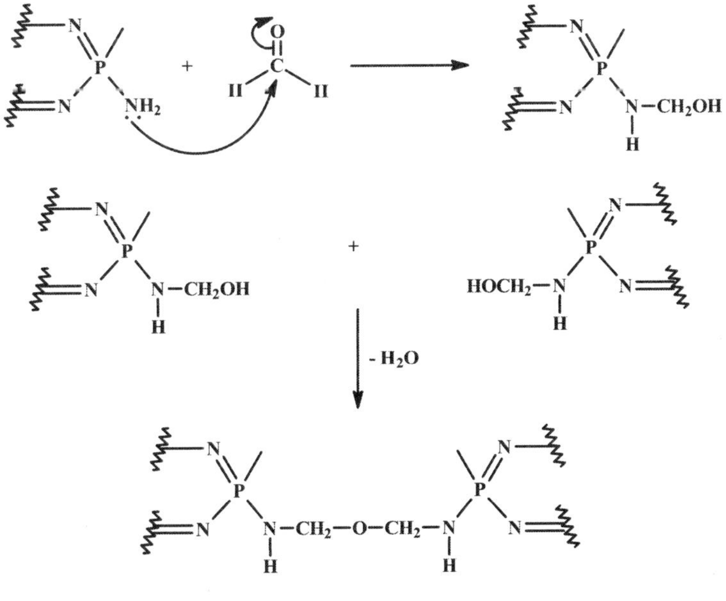

(3) Formyl 관능기를 가지는 고리 포스파젠과 디아민의 축합 반응을 통한 포스파젠 수지의 합성.

포스파젠 수지의 다른 합성법으로는 지방족 또는 방향족 아민과 formyl 관능기를 포함하는 고리 포스파젠을 반응키는 방법이다. 아민과 formyl 기가 반응하여 Schiff Base (치환된 이민)를 형성하는 반응을 통해 축합 반응을 일으켜 가교될 수 있다. 그 예를 그림 7−57에 나타내었다.

그림 7-57

Formyl 관능기를 가지는 고리 포스파젠과 디아민의 축합 반응을 통한 포스파젠 수지의 합성.

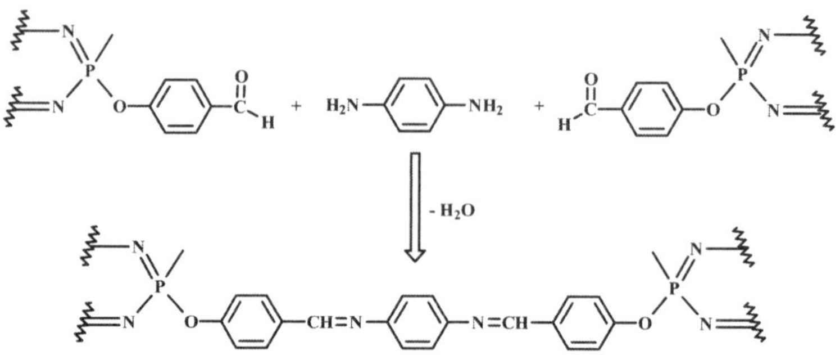

(4) 우레아 단위를 포함하는 고리 포스파젠 수지의 합성.

고리 포스파젠 단위를 포함하는 3차원 그물망 구조의 수지는 높은 온도에서, 아민화된 고리 포스파젠과 디이소시아네이트의 축합 반응을 통해 합성될 수 있다. 이소시아네이트 (−NCO)와 아민이 반응하면 우레아 결합이 형성된다. 이 우레아 결합을 통해 가교가 이루어지고 용매에 녹지 않는 수지가 형성된다. 전체반응 과정은 그림 7-58과 같다.

그림 7-58

우레아 단위를 포함하는 고리 포스파젠 수지의 합성.

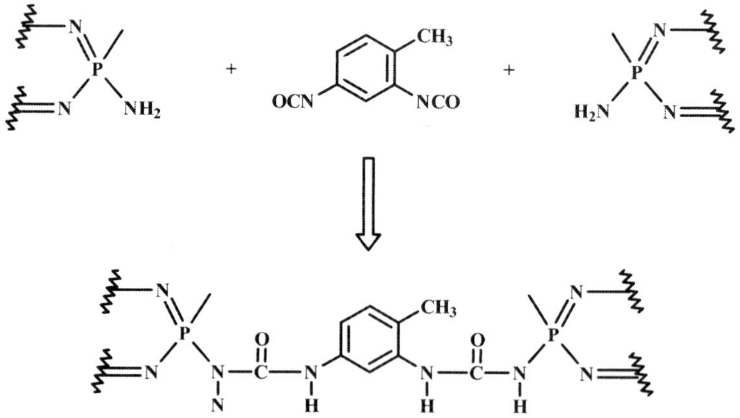

(5) 규소 유도체를 포함하는 고리 포스파젠 수지의 합성.

클로로시클로트리포스파젠을 가교시켜 포스파젠 수지를 합성하기 위해 가교제로서 이 관능성 실록산을 이용할 수 있다. 예를 들면, 헥사클로로시클로트리포스파젠과 헥사에틸디실록산을 반응시키면 트리에틸실록시 그룹을 치환체로 갖는 고리 포스파젠을 합성할 수 있고, 이것을 300°C로 가열하면 투명한 포스파젠 수지를 얻을 수 있다. 이 반응 과정은 그림 7-59에 나타내었다.

그림 7-59
규소 유도체를 포함하는 고리 포스파젠 수지의 합성.

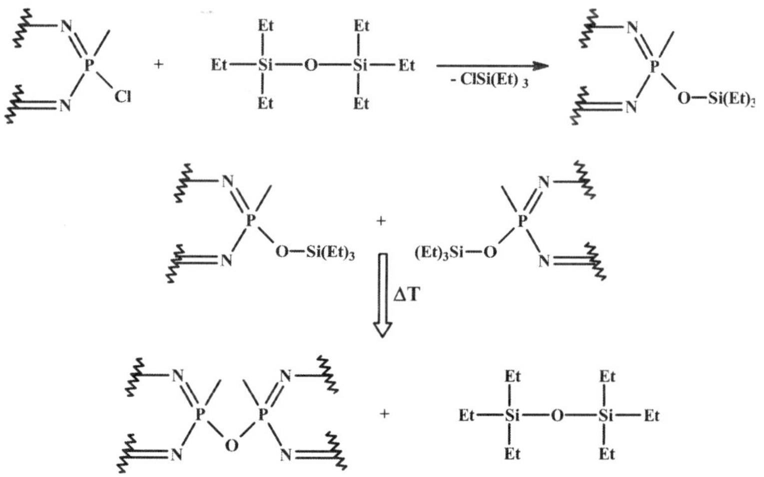

이와 유사한 다른 예로서는 고온에서 헥사클로로시클로트리포스파젠과 디에톡시디페녹시실란을 반응시켜 포스파젠 수지를 얻을 수 있다(그림 7-60).

그림 7-60
헥사클로로시클로트리포스파젠과 디에톡시디페녹시실란의 반응에 의한 포스파젠 수지의 합성.

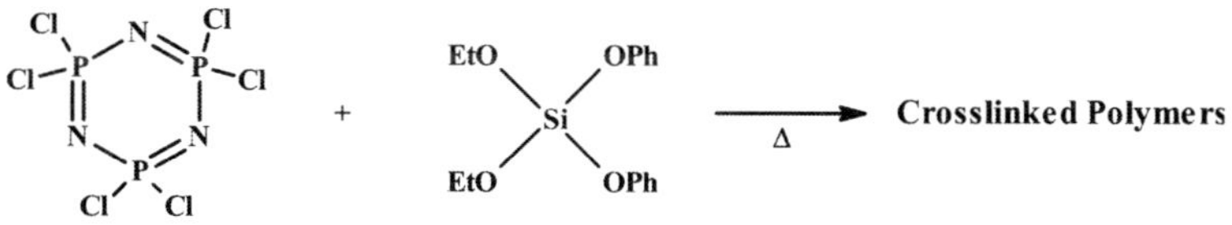

(6) 아민화된 시클로포스파젠과 산염화물과의 반응에 의한 포스파젠 수지의 합성.

아민화된 시클로포스파젠과 이 관능성 유기 산염화물과의 반응은 가교를 형성시킨다. 이 반응은 그림 7-61과 같다. 이 반응과정에서 아미드 결합을 형성하고 HCl이 부산물로 생성된다.

그림 7-61

아민화된 시클로포스파젠과 산염화물과의 반응에 의한 포스파젠 수지의 합성.

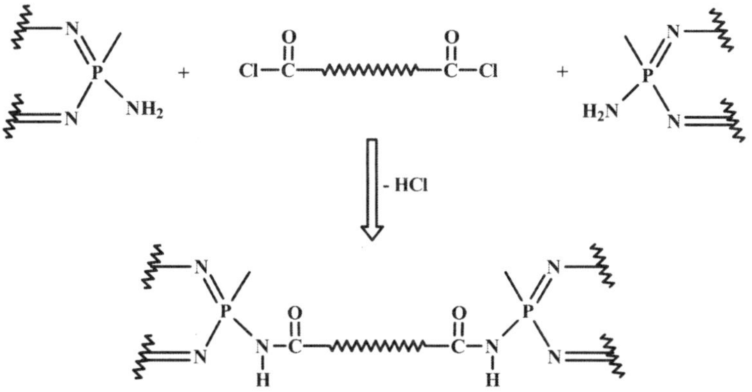

(7) 에스터 교환 반응(Transesterification Reaction)을 이용한 포스파젠 수지의 합성.

알콕시 치환체를 가지고 있는 시클로포스파젠이 인, 황 또는 붕소의 산소산의 존재 하에서 100℃ 이상의 온도로 가열되었을 때 가교되어 포스파젠 수지를 형성한다. 이 수지는 400℃까지 안정하다. 또한 알콕시로 치환된 시클로포스파젠 삼합체를 폴리히드록시 방향족 유기 화합물(예, 하이드로퀴논 또는 레조시놀)을 가교제로 하여 가교시키면 에스터 교환 반응이 일어나 가교되어 검은색의 비 용융성을 가지는 포스파젠 수지를 합성할 수 있다. 경우에 따라서는, 헥사메틸렌테트라민이 가교 과정을 향상시키기 위해 사용될 수 있다(그림 7-62).

그림 7-62
에스터 교환 반응(Transesterification Reaction)을 이용한 포스파젠 수지의 합성.

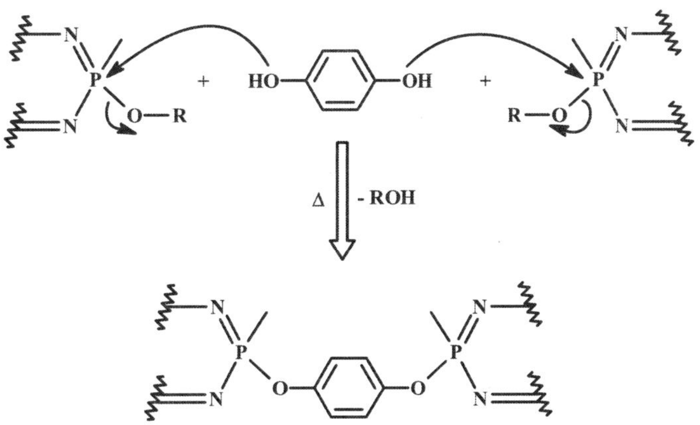

7-4-1-3 Metal complexation 반응에 의한 고리형 포스파젠 레진의 합성

금속이온을 가교제로 하여 포스파젠 수지를 얻을 수 있다. 간단한 예로서 히드록시 관능기를 가지는 고리 포스파젠을 2가의 산화상태를 갖는 금속산화물로 열 경화시킬 수 있다. 이 예를 그림 7-63에 나타내었다.

그림 7-63
금속이온을 가교제로 하여 포스파젠 수지의 합성.

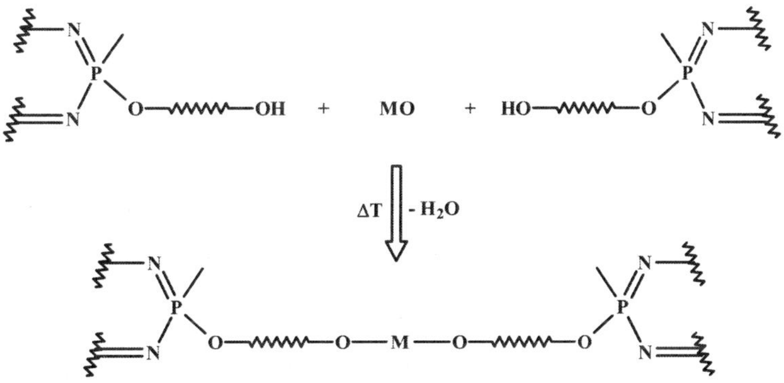

금속이온을 이용한 또 다른 형태의 가교 반응으로는 헥사클로로시클로트리포스파젠과 금속 아세테이트산 염 (칼슘, 마그네슘, 바

륨, 납, 아연, 등)의 직접 반응과 관련된다. 이 방법에 의해 생성된 포스파젠 수지의 구조는 다음과 같음이 보고되었다 (그림 7-64).

그림 7-64

금속이온을 이용한 또 다른 형태의 가교 반응에 의해 포스파젠 수지의 구조.

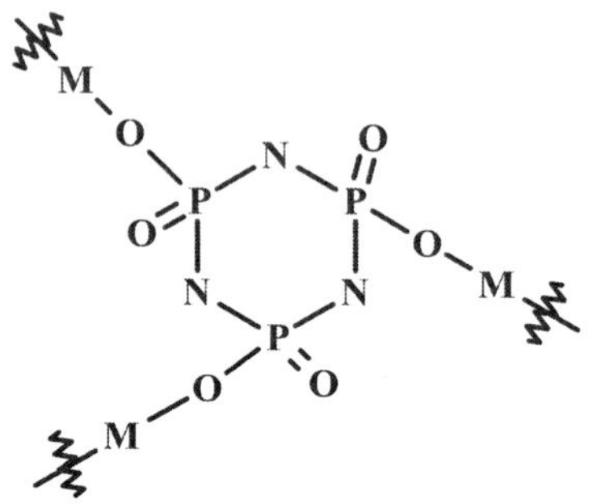

그외 또 다른 방법으로는 클로로포스파젠과 메탈이온 (특히 전이금속)의 상호작용(배위 결합)에 의해 가교시키는 방법이 있다. 이 방법으로 금속이온을 가교제로 사용하기 위해서는 시클로포스파젠에 금속이온과 상호작용할 수 있는 치환체를 도입하는 것이 필요하다. 즉 금속이온을 배위할 수 있는 주개원자를 포함하는 치환체를 도입하고, 주개원자와 금속이온 사이의 배위 결합으로 시클로포스파젠을 가교시킬 수 있다. 이 방법에 의해서 합성된 포스파젠 수지는 대부분의 유기 용매에 녹지 않고, 열에 매우 안정하여 500℃ 정도의 온도에서도 안정하다. 최근까지 이 방법에 의한 포스파젠 수지의 합성은 크게 두 부류로 나누어 생각해 볼 수 있다.

첫 번째 접근법은 hexakis(isothiocyanate)cyclophosphazene과 암모니아, 아닐린, 또는 페닐히드라진의 반응을 통해 새로운 시클로포스파젠을 합성한다(그림 7-65).

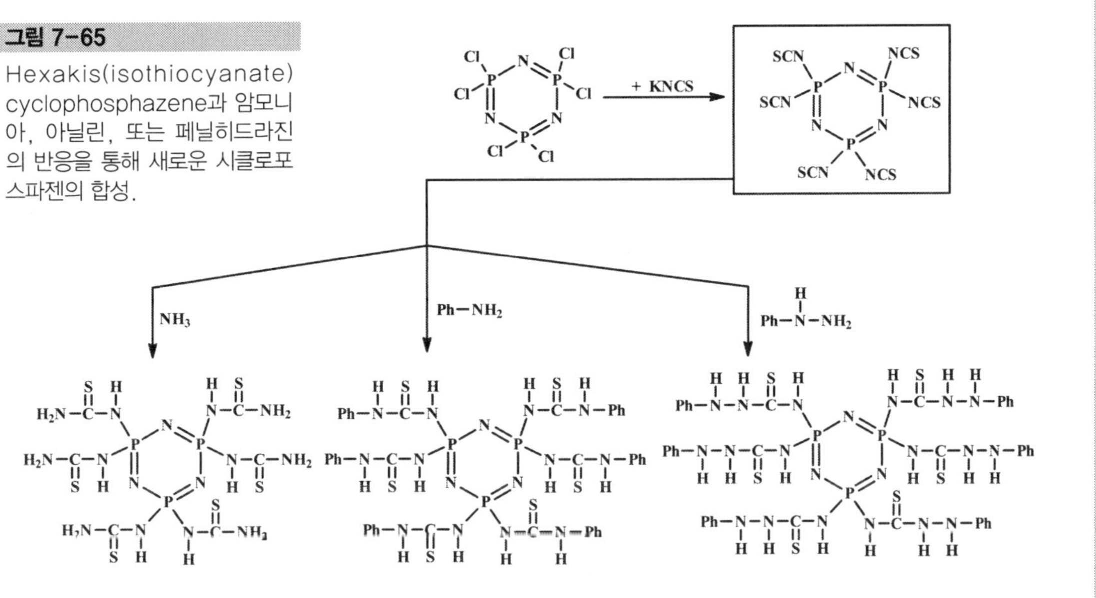

그림 7-65
Hexakis(isothiocyanate) cyclophosphazene과 암모니아, 아닐린, 또는 페닐히드라진의 반응을 통해 새로운 시클로포스파젠의 합성.

위에서 합성한 시클로포스파젠에 코발트, 니켈, 구리의 염과 반응시키면, 금속이온이 시클로포스파젠에 배위되면서 배위착물이 가교점으로 작용하여 포스파젠 수지를 형성한다. 형성된 수지의 구조는 그림 7-66과 같음이 보고되었다.

그림 7-66
시클로포스파젠에 코발트, 니켈, 구리의 염과 반응에 의한 포스파젠 수지의 형성.

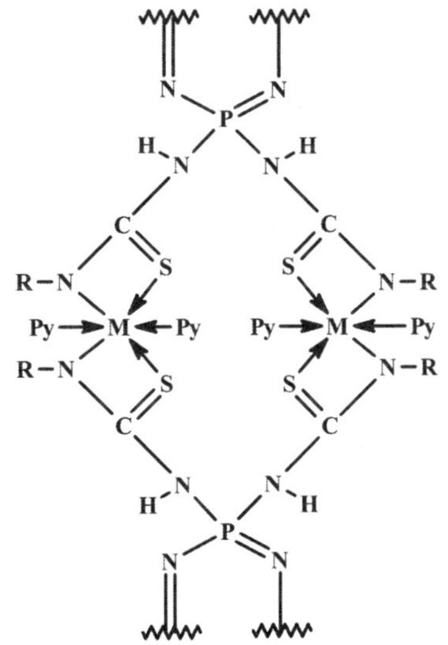

두 번째 접근법은 1차 아민과 알데히드의 반응에 의해서 생성되는 Schiff Base (치환된 이민)을 시클로포스파젠에 도입하여 전이금속 이온의 배위자리로 이용하는 것이다. 예를 들면 헥사클로로시클로트리포스파젠과 4-formylphenol과 반응시켜 hexakis(4-formylphenoxy)cyclophosphazene를 합성하고, 이것을 *o*-aminophenol과 반응시켜 Schiff Base 단위를 포함하는 시클로포스파젠을 합성한다. 이 시클로로포스파젠을 금속이온과 반응시키면 금속이온이 착물을 형성하면서 가교된다(그림 7-67).

그림 7-67

1차 아민과 알데히드의 반응에 의해서 생성되는 Schiff Base (치환된 이민)을 시클로포스파젠에 도입하여 전이금속 이온의 배위자리로 이용.

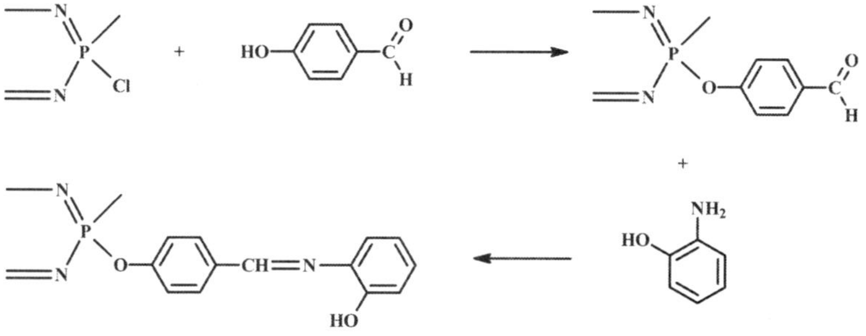

제 8 장

폴리카본

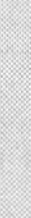

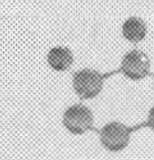

MAIN GROUP ELEMENT
INORGANIC POLYMER

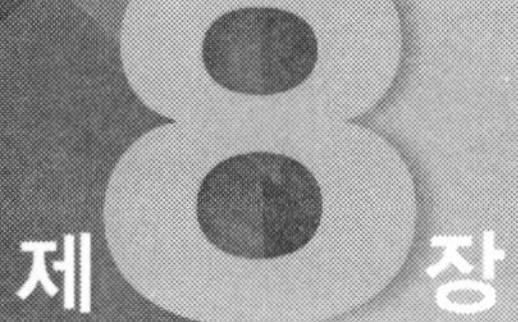

제 8 장 폴리카본

탄소(carbon)는 지구상의 생물을 구성하는 가장 핵심적인 원소다. 순수한 탄소는 서로 다른 결정구조의 동소체(allotropes)를 갖고 있어서, 이들 특성을 이용한 새로운 첨단소재기술 개발을 위한 많은 연구가 진행되고 있다. 동소체란 화학적으로 동일한 원소이면서도 원자의 배열 즉, 구조가 달라 물성이 다른 원소를 지칭하는 것으로, 탄소(원소기호: C)는 자연이나 인공적으로 만들어진 여러 가지의 동소체가 알려져 있다. 자연에서 영겁 세월 동안 지하 깊은 곳에서 고온-고압 하에 만들어지는 결정성 탄소광물로 다이아몬드와 흑연이 있고, 무정형 탄소인 검댕이, 숯, 활성탄들이 있으며 그밖에 인공적으로 만든 풀러렌과 그래핀 등이 있다.

탄소는 주기율표 4A족(14족)의 맨 위에 위치하는 원소로서 4개의 결합이 주를 이룬다. 탄소의 결합은 강하며, 4개 팔로 결합하고, 이성질체가 많이 존재하여 매우 다양한 수백만의 천연-인공 화합물이 세상에 존재한다. 이 화합물은 단분자 형태, 소중합체 형태, 고분자 형태로서 존재하며 다양한 구조, 광학, 기하이성질체로 존재한다. 특히 C—C(346 kJ/mole, 83 kcal/mole), C═C(610 kJ/mole, 146 kcal/mole) 결합들은 결합 에너지가 크며, 탄소 동소체들이 여러 고분자 형태로 존재하게 한다. 탄소 고분자는 통상 유기 고분자로 분류되지만 탄소 동소체들은 고온–고압 하에 휘발성 유기 탄소 물질이 제거된 무기 고분자 광물에 가까우므로 이 책에서 함께 무기 탄소 고분자로서 다룬다.

8-1 다이아몬드와 흑연

다이아몬드(diamond)와 흑연(graphite)은 둘 다 탄소(C) 원자로만 이루어져 있다. 세상 최고의 보석으로 전 세계 여성들에게 절대적으로 사랑받는 다이아몬드는 현재까지 가장 단단한 천연 광물로 알려져 있으나, 흑연은 다이아몬드처럼 투명하지도 단단하지도 않다. 오히려 흑연은 무른 성질이 있어 연필심으로 많이 쓰인다. 다이아몬드와 흑연은 똑같이 탄소 원자로 이루어져 있는데 이들 물성의 엄청난 차이는 무엇 때문일까? 물질의 성질은 그 물질을 구성하는 원자의 종류와 수에 따라 크게 달라진다. 그러나 같은 원자로 이루어진 물질이라도 원자의 배열에 따라 물질의 성질이 달라질 수 있다. 다이아몬드와 흑연의 물성 차이는 그 구성 원자인 탄소 원자의 결합 구조와 공간적 배열형태 차이에서 찾아볼 수 있다.

다이아몬드의 화학적 성분은 연필심이나 연탄과 똑같이 탄소로 구성된 흑연이지만, 그림 8–1에서와 같이 상호 구조가 매우 달라 이들의 물성도 가격도 수백만–수천만배의 엄청난 차이를 보인다. 다이아몬드(a)는 각 탄소 원자가 4개의 다른 탄소 원자와 정사면체 형태(sp^3 혼성)로 결합한 구조로 천연광물 중 가장 경도가 우수하며, 광채가 뛰어나 제일 비싼 보석의 자리를 차지하고 있다. 탄소는 최대 4개의 원자와 공유 결합을 할 수 있는 원소로, 다이아몬드는 하나의 탄소에 4개의 탄소가 시그마 단일 결합의 공유 결합을 한 형태이다. 하나의 탄소와 결합한 4개의 탄소는 서로 반발력을 받기 때문에 최대한 멀리 떨어져 있으려고 한다. 따라서 중심의 탄소를 기준으로 결합각도 109.5°를 이루게 된다. 그리하여 다이아몬드는 수많은 강한 C—C 결합으로 이루어진 무한 망상구조로 볼 수 있다. 반면에 흑연의 결정구조(b)는 다이아몬드와 약간 다르다. 흑연은 탄소 원자 3개와 시그마 공유 결합을 하고 하나의 전자는 공유 결합을 하지 않는 sp^2 혼성을 하고 있다. 공유 결합을 한 3개의 탄소가 공간적으로 가장 넓게 펼쳐질 수 있는 것은 서로 120도의 각도를 이루게 된다. 그리고 남아 있는 하나의 전자는 그림에서 보는 것처럼 서로 다른 층을 연결해 주는 약한 파이 결합을 형성하는 역할을 하게 된다. 따라서 흑연의 결정구조는 벌집과 같은 육각형 층상구조를 이루며, 이런 2차원적인 평면들이 약한 힘으로 결합되어 층층으로 쌓여 있는 층상구조를 하고 있기 때문에 흑연은 잘 부서지기 쉽고, 파이 전자가 풍부하여 각 층에서는 전기가 잘 통한다.

그림 8-1

다이아몬드와 흑연의 결정구조. [출전: tutorvista.com]

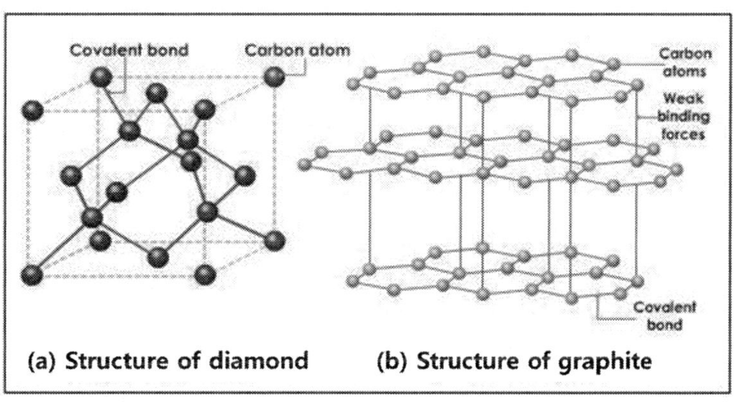

다이아몬드는 인류의 역사에서 언제부터 사용했을까? 인도의 드라비다족은 기원전 7~8세기에 다이아몬드를 처음으로 사용했다고 한다. 로마 시대에는 왕후 귀족만 지닐 수 있는 귀중한 보석이었다. 지금도 값비싼 보석의 대명사로 불리는 다이아몬드는 실제로 공업적인 용도로 더 많이 쓰인다. 드릴, 절삭공구, 연마재 등에는 모두 다이아몬드가 이용된다. 천연 다이아몬드는 지표면 아래 약 150~200 km에서 지구 내부에 있는 흑연으로부터 생성되는데, 엄청난 압력과 온도가 작용한다. 이때 작용하는 압력은 대략 10만 기압 정도이다. 지각 하부의 매우 높은 열과 압력에 의해 흑연을 구성하는 파이 전자가 시그마 전자로 탄소의 결합 구조가 바뀌어 다이아몬드를 만드는 것이다. 그리하여 다이아몬드가 흑연보다 밀도가 높지만 아이러니하게도 열역학적으론 흑연이 더 안정하다. 이런 생성과정에 착안하여 흑연으로부터 인조 다이아몬드를 만들어 내려는 노력들도 있었다. 인공 다이아몬드의 제조는 1950년대에 미국 제너럴 일렉트릭의 연구소에서 처음 성공하였다. 우리나라에서도 1990년대부터 만들기 시작하여 몇몇 회사에서 제품으로 생산하고 있다. 그러나 수천 ℃의 고온과 수만 기압의 고압 상태에서 촉매를 사용해야 하기 때문에 제조비용이 많이 든다. 또 이때 만들어지는 인조 다이아몬드는 그 크기가 매우 작은 미립 결정이 대부분이고, 이것들은 대부분 공업용으로 이용된다. 최근에 TNT 폭약을 폭발시키거나 플라스마를 쪼이거나 함으로써 나노다이아몬드(폴리아다만탄류)를 제조하여 판매하고 있다. 극히 낮은 수율의 불순한 나노다이아몬드는 촛불실험으로부터도 얻을 수 있다.

8-2 풀러렌

풀러렌(fullerene)은 다이아몬드와 흑연 등의 자연에 존재하는 탄소 동소체 외에 인위적으로 합성한 새로운 형태의 탄소 동소체이다. 물론 양은 적지만 우주 성간에서도 발견되는 물질로서 풀러렌이 암석 중에서도 발견된다는 사실이 미국 애리조나 대학교 화학과 교수인 호프만박사에 의해 밝혀졌다. 풀러렌은 탄소 원자가 구, 타원, 원기둥 모양을 이루고 있는 분자를 통틀어 말하는 것으로, 애칭으로 단순히 버키볼이라고도 부른다. 탄소 원자 60개가 축구공 모양을 이루고 있는 분자를 버크민스터풀러렌이라 부른다. 풀러렌(fullerene) 혹은 버키볼(bucky ball)이라는 명칭은 지오데식 돔(geodesic dome)을 설계한 미국의 건축가 버키 풀러(Bucky Fuller)의 이름에서 유래한 것이다. 풀러렌은 진공장치 속에서 강력한 레이저를 흑연에 쪼일 때 탄소 원자들이 흑연 표면에서 떨어져 나와 증발한 후 응축하며 새로운 결합을 이루어 만들어진다. 이 물질은 결합 구조가 흑연과 같은 전자 결합을 하나 6각형만으로 이뤄지지 않고 일부가 5각형의 구조를 가지면서 흥미로운 구 모양을 형성한다는 특징이 있다. 6각형은 평면 형태, 5각형은 비평면 형태로 휘려 하므로 구 형태가 가능하다. 풀러렌은 탄소 원자 60개로 만들어진 분자(C_{60})가 대표적이다. 이 분자는 미국의 스몰리 교수와 영국의 크로토 박사가 처음으로 레이저 증착실험 조건에서 생성됨을 발견한 후 호프만이 대량으로 생산했다. 이 공로로 스몰리와 크로토는 1996년 노벨 화학상을 받았다. 풀러렌 부류는 C_{60} 이외에 C_{62}, C_{64}, C_{66} 등 종류들이 많지만 생산되는 상대적인 양은 다르다. C_{60}이 가장 많고 C_{70}이 그 다음이고 적은 양이지만 C_{76}, C_{84} 등도 생산된다. 대부분은 생산량이 너무 적어서 겨우 존재만 확인 가능한 것들이다. 이들은 모두 탄소의 수가 짝수로 되어 있다는 점이 또한 흥미롭다. 이는 자연계에서 탄소가 존재할 때는 대개 짝을 이뤄 존재한다는 것과 우주 공간에서도 그러리라는 추측을 낳고 있다. C_{60}은 비교적 저렴한 가격에 구입할 수 있지만 C_{70}만 해도 상당히 비싸고, 나머지는 생산량이 너무 적어서 현실적으로 얻기가 불가능하다. 또 한 가지 분자를 얻었다고 해도 6각형과 5각형 고리의 상대적 위치에 따라 대칭성과 모양이 달라지기 때문에 나타나는 성질은 더욱 복잡해진다. 그러나 풀러렌들은 그 모양이 독특해 주목을 끌기에 충분했으며, 전기적, 광학적 성질이 흥미를 배가시켰다. 특히 빛을 흡수하고 전자를 잘 받는 성질이 있는 C_{60}으로 이루어진 결정에 알칼리 금속을 적절히 결합시키면 초전도체가 된다는 보고가 있은 후에는 응용 연구가 폭발적으로 증가했다. 축구공처럼 생긴 풀러렌은 안정된 구조를 가지기 때문에 상당히 높은 온도와 압력을 견딜 수 있고 새장(cage)처럼 아주 작은 물질을 내부에 가둘 수 있으며 강하면서도 미끄러운 성질이 있어, 유기광전지, 폴리머일렉트로닉스, 산화방지제, 윤활제, 공업용 촉매제, 초전도체, 광학 디바이스, 항균제, 약품 전달매체, HIV 억제제 등으로 이용될 가능성을 갖고 있다.

그림 8-2
풀러렌(fullerene)의 구조.

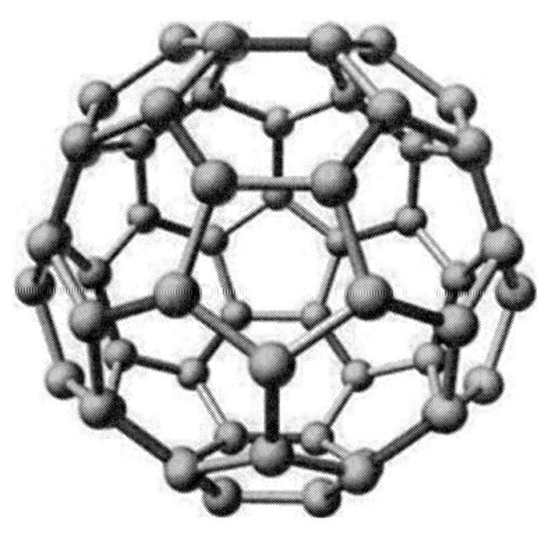

8-3 탄소나노튜브

탄소나노튜브(carbon nanotube, CNT)는 탄소의 동소체이다. 탄소나노튜브는 6각형 고리로 연결된 탄소들이 긴 대롱 모양을 이루는 지름 1nm(1nm는 10억분의 1m) 크기의 미세한 분자이다. 탄소나노튜브에서 탄소 원자 하나는 주위의 다른 탄소 원자 3개와 sp^2 결합을 하여 육각형 벌집 모양의 구조를 갖게 된 탄소 평면이 5각형 혹은 7각형의 홀수 고리형 존재로 말미암아 도르르 말려서 우리나라 죽부인 형태의 튜브모양이 됐다고 해서 붙여진 이름이다. 지름 0.5~10 nm의 원통형 탄소 결정체인 탄소나노튜브는 높은 인장력과 전기전도성 등의 특성을 가지고 있어 차세대 첨단 소재로 주목받고 있다. 강도는 철강보다 100배 뛰어나고, 전기전도도는 구리와 비슷하며, 열전도율은 다이아몬드와 같다. 속이 비어 있어 가벼우면서도 유연성이 뛰어난 미래형 신소재다. 탄소나노튜브는 1991년 일본 전기회사(NEC) 부설 연구소의 이지마 스미오 박사가 전기방전법을 사용하여 흑연의 음극상에 형성시킨 탄소 덩어리를 분석하는 과정에서 발견하였다. 탄소나노튜브는 흑연면(graphite sheet)이 나노 크기의 직경으로 둥글게 말린 상태이며, 이 흑연면이 말리는 각도 및 구조에 따라서 금속 또는 반도체의 특성을 보인다. 탄소나노튜브는 벽을 이루고 있는 탄소 원자의 결합수에 따라 구분한다. 단일벽 탄소나노튜브(single-walled carbon nanotube, SWNT)는 탄소 원자로 구성된 벽이 하나인 튜브형태로 전기전도성, 열전도성이 가장 우수하다. 탄소 원자로 구성된 벽이 두 개인 이중벽 탄소나노튜브(double-walled carbon nanotube, DWNT)는 외부 튜브가 주위 환경과 상호작용하면서 내부 튜브를 보호하여 전기전도성과 기계적 특성이 뛰어나다. 다중벽 탄소나노튜브(multi-walled carbon nanotube, MWNT)는 하나의 튜브에 탄소 원자로 구성된 벽이 여러 겹인 튜브형태로 전기 및 열적 특성은 다소 떨어지나 기계적 특성이 우수하고 제조가 용이하여 응용범위가 넓다. 이밖에 단일벽 나노튜브가 여러 개 붙어서 다발을 이룬 튜브형태인 다발형 탄소나노튜브(rope carbon nanotube, RNT)가 있다. 물론 탄소나노튜브의 세공 안에 금속 촉매가 존재하여 막혀 있거나 양쪽이 막힌 튜브형, 혹은 한쪽이 막힌 튜브형, 휘어지거나 비틀린 튜브형 등 다양하다. 따라서 분리를 하여 순수한 한 가지 종류의 탄소나노튜브를 얻거나 혹은 생산 조건을 조절하여 한 가지 종류의 탄소나노튜브를 제조하는 것이 매우 중요하다.

탄소나노튜브는 그 튜브의 지름이 얼마나 되느냐에 그리고 어느 방향으로 나선형으로 되어 있는가에 따라 도체, 부도체가 되기도 하고 반도체가 되는 성질이 있음이 밝혀지면서 차세대 반도체 물질로 각광받고 있다. 꿈의 신소재로 불리는 탄소나노튜브는 구조가 쉽게 조절되고 물리적 특성이 다양하며, 구조에 따라서 반도체 또는 도체로 조절 가능하며, 전기전도도, 기계적 강도, 열전도도가 우수하다. 또한 탄성이 좋고 화학적 안정성이 뛰어나며 바이오 물질과 친화성이 강하다. 이러한 특성을 이용하여 반도체와 평판 디스플레이, 연료전지, 초강력 섬유, 생체센서 등의 소재로 다양한 활용이 가능하다. 예를 들어 탄소나노튜브로 반도체 칩을 만들면 현재 기가(10억) 바이트의 한계를 뛰어넘는 테라(1조) 바이트급의 집적도가 가능해진다. 비어 있는 관 속에 수소를 저장해 배터리로 쓰거나 고순도 정화필터로 활용할 수도 있다. 무엇이든 잘 흡수하기 때문에 레이더 파까지 흡수, 감시망에 걸리지 않는 비행기 도료로 개발하려는 움직임도 있다.

그림 8-3

탄소나노튜브(carbon nanotube) 들의 다양한 구조.

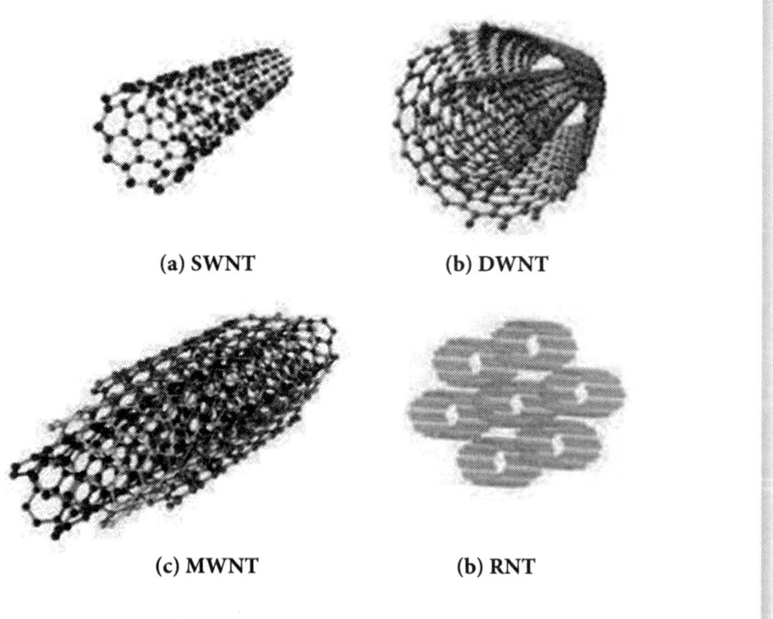

옥스퍼드대학교 화학과 석좌교수인 Malcolm L. H. Green 교수는 전남대학교 화학과 우희권 교수와 공동으로 SWNTs 혹은 MWNTs의 비어 있는 세공 내에 모세관 현상을 이용하여 공유성의 무기물질(예: NaI, CsBr, AgBr 등)을 충진하여 1차원 나노물질을 나노 세공 내에 합성하였다. 이들 1차원 무기나노물질들의 구조는 통상의 벌크 3차원 무기물질의 결정구조와 매우 달랐다. 이들의 충진된 세공 구조들은 고성능 투과전자현미경(HRTEM)으로 얻을 수 있으며, 더 선명한 구조는 전자밀도 분포를 이론적으로 풀어서 얻을 수 있다.

8-4 그래핀

8-4-1 그래핀의 특성

21세기를 혁신할 수 있는 꿈의 소재로 많은 기대를 모으고 있는 나노튜브와 그래핀(graphene)은 탄소의 동소체이다. 2차원 평면에서 탄소들이 벌집 모양의 육각형 그물망을 이루어 켜켜이 쌓여 있는 흑연에서 한 층만을 분리해 낸 것을 그래핀이라 한다. 주로 공유 결합을 통해서 이루어진 탄소 동소체들은 4개의 최외각 전자들의 파동함수의 선형 결합의 방식에 따라 0차원 구조인 풀러렌, 1차원적으로 말려 있는 탄소나노튜브, 2차원 평면의 그래핀, 3차원으로 쌓인 형태의 흑연까지 다양한 차원의 결정구조를 가진다. 그래핀은 탄소나노구조체의 기본구조로, 층층 쌓기를 하면 3차원구조의 흑연(graphite)이 되고, 원기둥모양으로 말면 1차원의 탄소나노튜브(carbon nanotube)가 되며 축구공 모양으로 말면 풀러렌(fullerene)이 된다.

그림 8-4
탄소나노튜브(carbon nanotube) 들의 다양한 구조.
[출전: Nobelprize, 2010]

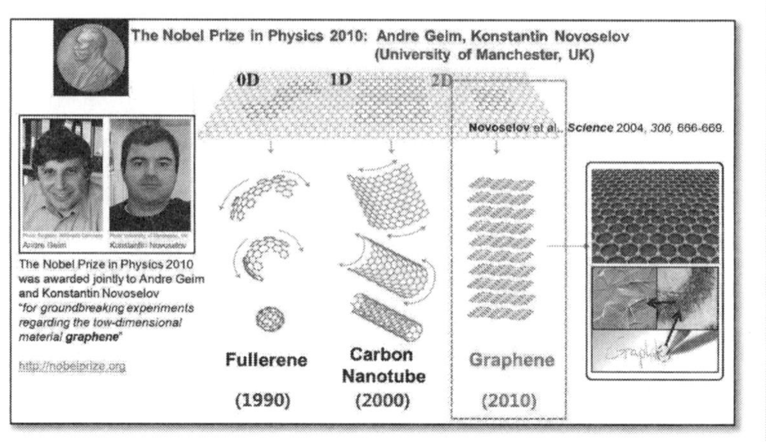

그래핀은 탄소 원자들이 각각 sp^2 결합으로 연결된 원자 하나 두께의 2차원 구조로, 벤젠 형태의 탄소 고리가 벌집 형태의 결정 구조를 이룬다. 그래핀은 흑연과 비슷한 결정 구조를 가지지만, 2차원 평면 형태이며 두께는 0.2 nm 정도로 매우 얇으면서 물리적, 화학적 안정성이 대단히 높다. 2004년 영국의 가임(Andre Geim)과 노보셀로프(Konstantin Novoselov) 연구팀이 어쩌면 황당하게도 상온에서 접착테이프를 이용하여 흑연에서 그래핀 층을 떼어내는 데 성공하였고, 그 공로로 이들은 2010년 노벨 물리학상을 받았다. 그러나 아쉽게도 한국계 미국인인 컬럼비아대학교의 김필립 교수는 거의 같은 기간에 그래핀에 많은 연구 성과를 내었으나 노벨상을 함께 수상하지 못하였다. 현재 이들 두 연구그룹은 서로 선의의 경쟁을 하면서 세계적 그래핀 연구를 선도하면서 역사를 새로 쓰고 있다.

그래핀은 구리보다 100배 이상 전기가 잘 통하고, 반도체로 주로 쓰이는 실리콘보다 100배 이상 전자의 이동성이 빠르다. 강도는 강철보다 200배 이상 강하며, 최고의 열전도성을 자랑하는 다이아몬드보다 2배 이상 열전도성이 높고 또 탄성이 뛰어나 늘리거나 구부려도 전기적 성질을 잃지 않는다. 더욱이 빛을 98% 이상 통과

시킬 정도로 투명하며 신축성도 매우 뛰어나다. 가장 당면한 과제는 산업분야에서 쓰일 수 있도록 어떻게 그래핀을 대량으로 생산하는가 하는 것과 금속성인 그래핀을 어떻게 반도체로 만드는 방법을 고안하느냐 하는 기술적 장벽을 극복하는 것이다. 이러한 그래핀의 활용 분야는 매우 다양하다. 높은 전기적 특성을 활용한 초고속 반도체, 투명 전극을 활용한 휘는 디스플레이, 디스플레이만으로 작동하는 컴퓨터, 높은 전도도를 이용한 고효율 태양전지 등이 있는데, 특히 구부릴 수 있는 디스플레이, 손목에 차는 컴퓨터나 전자 종이를 만들 수 있어서 미래의 신소재로 주목받고 있다.

최근, 그래핀의 독특한 물성과 우수한 전기적, 물리적 특성이 소개되면서 그래핀에 대한 연구가 활발히 진행되고 있다. 그래핀을 제조하는 방법에는 흑연결정으로부터 그래핀 한 층을 분리하는 방법, 고온에서 탄소를 잘 흡착하는 전이금속을 촉매층으로 이용하여 그래핀을 합성하는 화학기상증착법, 고온에서 결정에 흡착되어 있거나 포함되어 있던 탄소가 표면의 결을 따라 성장하는 에피성장법 등이 연구되고 있다. 특히, 흑연을 산화시켜 용액 상에서 분리한 후 환원시키는 화학적 박리법은 대량생산의 가능성과 화학적 개질이 용이하여 다른 소재와의 하이브리드가 가능하다는 장점 때문에 많은 연구가 진행되고 있다. 흑연을 산화시키고 이온성 물질을 층간에 삽입시켜 층간거리를 넓혀 산화 흑연을 제조하는 기술은 이미 1974년부터 관심을 가져왔으며 이는 주로 2차전지나 슈퍼커패시터의 전극 활물질로 연구가 진행되어 왔다. 2006년 Ruoff 그룹에서 산화 흑연을 기본 재료로 그래핀을 대량 생산할 수 있다고 제안하면서 폭발적인 연구가 진행되었으며, 산화 흑연으로부터 분리된 낱장의 산화 그래핀에 대한 관심은 그래핀의 우수한 특성이 실험적으로 밝혀지면서 최근 몇 년 사이에 집중되어 왔다. 화학적 박리기술은 흑연의 효과적 산화에 의한 층간거리를 조절하고 그래핀 표면에 결합을 최소화하여 박리하고 이를 효과적으로 최대한 sp^2 탄소구조로 회복시키는 기술이 필요하다. 아울러, 용액공정에 의해 기질에 도포하여 활용하기 위해서는 그래핀의 분산기술이 필수적이다. 현재 상업적 응용이 가능한 그래핀 합성방법은 화학적 박리(chemical exfoliation) 방법과 화학기상증착법(chemical vapor deposition, CVD)이다.

8-4-2 그래핀의 화학적 합성방법

화학적 박리(chemical exfoliation) 그래핀은 용매를 기반으로 산화 흑연(graphite oxide)의 제조를 통한 박리를 유도하며, 이후 환원(reduction)을 통하여 산화 그래핀의 전기적 특성을 향상시키는 방법이다. 이 방법은 그래핀의 대량생산에 용이하며, 다양한 응용이 가능한 그래핀 제조방법이다. 그러나 질산(HNO_3), 황산(H_2SO_4) 등의 강산을 이용한 흑연의 산화로 인하여 환원 후 그래핀의 결함 및 산소관능기의 완벽한 제거가 어려운 단점이 있다. 그래핀은 sp^2 혼성화 탄소 원자로 이루어져 있는 벌집모양의 2차원 층으로 구성되어 있으며, 흑연은 그래핀 층들이 Z축으로 0.34 nm 간격만큼 이루어져 있는 구조이다. 이와 같이 그래핀은 강한 반데르발스 힘으로 층간 결합을 이루고 있기 때문에, 흑연에서 그래핀을 박리시키는 데 있어서 기계적 힘 또는 화학적 이온의 층간 삽입이 필수적이다. 일반적으로 산화 흑연은 물에서 분산이 용이하며 극성용매에서 음전하를 띤 박막 플레이트(수십, 수백 층으로 이루어진 산화 그래핀)로 존재하게 된다. 분산된 산화 흑연 박막 플레이트를 산화 그래핀으로 형성시키기 위해서 박리과정이 필요하다. 주로 사용되고 있는 박리법은 초음파 분쇄법(ultrasonic agitation)이며 급속가열(rapid heating)을 통하여 팽창된 산화 흑연의 층을 분리하는 방법도 사용되고 있다. 이후 환원과정을 거치면서 산화 그래핀 환원물(reduced graphene oxide)을 형성하게 된다. 이와 같이 산화, 박리, 분산, 환원 과정을 통하여 화학적 박리 그래핀이 제조된다.

화학기상증착법(chemical vapor deposition, CVD)은 Ni이나 Cu와 같은 촉매 금속 위에 열이나 플라스마 에너지를 이용하여 탄화수소 가스를 분해, 증착시키는 방법으로 비교적 고품질, 고순도의 그래핀을 대면적으로 합성하기에 적합하다. Ni 촉매를 이용할 경우, 탄화수소로부터 촉매 반응에 의해 탄소 원자의 분해 및 촉매금속 내부로의 확산, 재결합의 일련의 과정을 통해 그래핀이 합성되며, Cu 촉매를 이용해 그래핀을 합성시키는 경우에는 촉매금속 표면에서 탄소 원자들이 흡착하고 재결합함으로써 형성되는 원리를 따른다. 이는 촉매금속의 탄소 용해도 차이에 의해 나타나는 현상으로 Cu의 경우 탄소 용해도가 낮아 분해된 대부분의 탄소 원자는 금속 내부보다는 표면에서 확산되는 반면, 탄소 용해도가 높은 Ni의 경우에는 금속 표면에서 분해된 많은 양의 탄소 원자가 금속 내부로 확산하게 되어 재결합을 통해 그래핀을 형성하게 된다. 결과적으로, Ni 촉매는 다층의 그래핀을 합성하기에 유리한 반면, 단층의 그래핀을 대면적으로 합성하기에는 Cu 촉매가 이점이 있다.

한편, SiC, Ir, Ru, Pt과 같은 기판을 사용하여 그래핀을 합성할 경우, 기판의 결정축을 그대로 유지하는 에피택시가 가능하다. 실리콘 카바이드(SiC)의 열분해를 이용한 에피택시(epitaxy) 합성법은 고온에서 결정 내에 포함되어 있던 탄소가 표면으로 분리되면서 그래핀으로 성장하며, Ru 등에서는 흡착된 그래핀이 표면에서 확산되면서 그래핀 고유의 벌집모양의 구조를 형성한다. 이 방법을 이용하면 실리콘 카바이드의 탄소원이 SiC 자체에 포함된 탄소이므로 실험방법이 간단하며 웨이퍼 수준의 그래핀 결정으로 성장할 수 있어 대면적화가 가능하다는 장점이 있다. 그러나 복층으로 합성된 그래핀의 비율이 높으며 박리법을 통해 얻은 그래핀보다 전기적인 특성이 떨어지고 성장시킬 수 있는 기판이 제한적이기 때문에 다양한 전자소자로의 응용이 쉽지 않다는 단점을 가지고 있다.

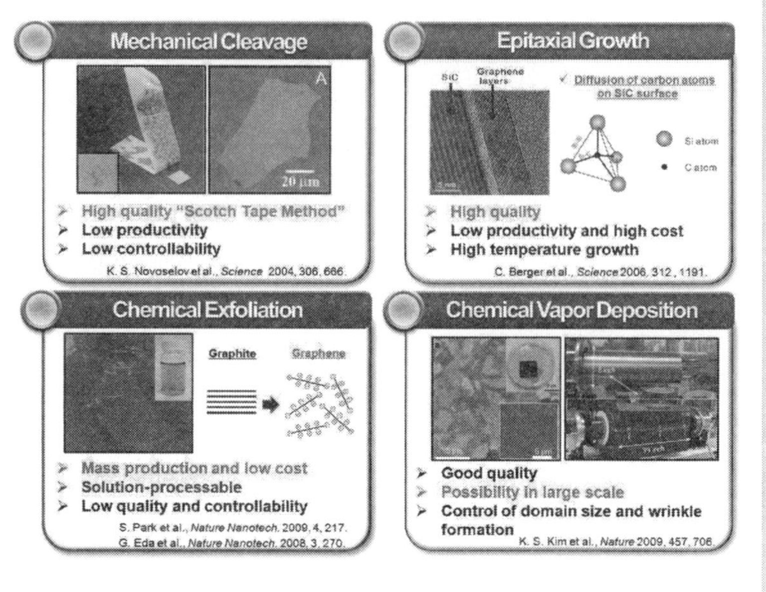

그림 8-5
그래핀(graphene) 합성 방법.
[출전: Nature, 2009]

8-4-3 그래핀의 대량생산 방법

기존의 화학적 합성 방법으로는 그래핀을 대량 생산하는 데 한계가 있었다. 미국 스탠포드대학(Stanford University) 연구진은 이 문제에 대한 해결책을 발견했다. 스탠포드대학의 Hongjie Dai와 연구진은 길게 늘어진 고품질, 단일층 그래핀 시트(sheet)를 만들기 위해서 대량 생산이 가능한 새로운 박리-재삽입-팽창 기술(exfoliation-reintercalation-expansion technique)을 발명했다. 이 기술에 의해 생산된 그래핀 시트는 태양전지의 전극과 같은 곳에 적용하기 위해서 넓은 투명 전도성 박막으로 만들어질 수 있다.

연구진의 기술을 사용해서 만들어진 그래핀 시트의 전도성은 원래의 그래핀에 매우 근접한 수준이었으며 그래핀 산화물을 환원시킴으로써 얻어진 그래핀보다 약 100배 더 높다. 박리-재삽입-팽창 방법은 1000℃에서 상업적으로 사용할 수 있는 그래핀을 박리하는 공정과 그래핀 시트 속에 발연 황산(oleum)을 삽입시키는 공정으로 구성되었다. TBA(thiobarbituric acid)라고 불리는 화학물질은 두 개의 그래핀 시트 사이의 거리를 더 확장시키는데 사용되었다. 그 후 연구진은 계면활성제, phospholipid-PEG의 도움으로 DMF(dimethylformamide) 속에 이 물질을 초음파 처리하고 단일층 그래핀 시트의 서스펜션을 만들기 위해서 이것을 원심 분리기에 걸었다. 이 공정은 어렵지 않고 거의 90% 단일층 그래핀 시트를 포함하며, 대량 생산하기가 쉬워서 연구진은 그램 단위의 생산을 하기 위한 연구를 진행하고 있다. 특히 이 기술은 그래핀을 합성하기 위한 다른 방법과 비교해서, 높은 전도성을 가진 대규모 단일층 그래핀 시트를 생산할 수 있다.

그림 8-6

황산 분자들이 그래핀(graphene) 층 사이에 재삽입된 구조도[출전: Nature Nanotechnology 3, 538 (2008)].

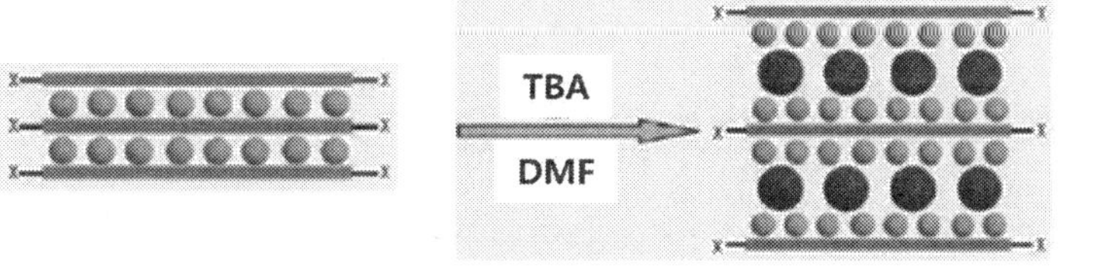

이에 비해서 그래핀을 생산하기 위해서 가장 일반적으로 사용되는 peeling-off 방법은 단지 소규모 장치를 위해서 사용된다. 에피택셜형 성장 방법(epitaxial growth method)은 그래핀을 실리콘 카바이드(silicon carbide)나 루테늄(ruthenium) 같은 특별한 기판 위에서 성장시킬 필요가 있고 이 그래핀은 수집되고 증착될 필요가 있다. 그래핀 산화물을 환원시키는 방법은 높은 저항과 낮은 품질의 그래핀을 생산한다. 박리-재삽입-팽창 방법으로부터 생산된 그래핀 시트는 태양전지를 위한 투명 전극에 사용될 수 있다. 또한 리튬전지 센서나 양극 물질의 구성요소로 그래핀을 사용하면 많은 장점이 있을 것이다. 현재 연구진은 수득률을 증가시키고 새로운 적용을 찾기 위해서 그래핀 시트의 품질을 더 향상시키는데 연구를 진행하고 있다.

최근 국내 연구진에서 새로운 환원제(요오드산, HI)를 이용하여 상온공정으로 불순물이 없는 고품질의 그래핀을 대량생산할 수 있는 가능성을 선보였다. 특히 이 방법은 실리콘 등 딱딱한 재질의 기판뿐만 아니라, 휘어지는(flexible) 플라스틱 기판에도 활용될 수 있다는 것이 큰 특징이다. 이 연구는 그래핀이 실리콘으로는 더 이상 진척이 없던 반도체 정보 처리속도를 획기적으로 높여줄 뿐만 아니라 초고속 반도체나 고성능 태양전지개발 등 다양한 분야에서도 큰 역할을 할 것으로 기대된다.

8-4-4 수소 이용 그래핀 제조방법

그래핀은 단일 원자 두께의 평편한 탄소로 구성된 얇은 판으로, 독특하고 매우 흥미로운 다양한 특성을 가지고 있는 물질이다. 전기전도체로서 구리와 유사한 성능을 가지며, 열전도체로서 다른 어떤 물질보다도 뛰어난 성능을 나타내는 그래핀을 다양한 폭의 벨트 형태인 나노리본으로 만들면, 매우 다양한 그래핀의 특성을 발휘하도록 할 수 있다. 그래핀 나노리본은 물리학 분야에서 실제적인 관심사가 되고 있으며, 전자기기, 태양전지 등의 광범위한 분야에서 매우 흥미로운 물질로 주목받고 있다.

스웨덴의 물리학자인 Alesander Talyzin 연구팀은 1차원 반응기로서 탄소나노튜브 내부의 공간을 이용하여 캡슐화된 그래핀을 합성하는 방법을 개발하였다. 이 공간의 흥미로운 특성은 일반 3차원적인 조건에서의 반응과 다른 화학적 반응이 이 공간에서 발생한다는 점이다. 연구팀은 거대 유기 분자로써 coronene과 perylene을 사용하였으며, 이것들은 탄소나노튜브 내에서 길고 좁다란 그래핀 나노리본을 생산하기 위해 빌딩블록(building block)의 역할을 하였다. 후에 연구팀은 캡슐화된 그래핀 나노리본의 형태가 서로 다른 방향족탄화수소를 사용하여 변형될 수 있음을 발견하였다. 나노리본의 특성은 형태와 폭에 따라 달라져 금속성이 될 수도, 반도체성이 될 수도 있다.

최근 그래핀 나노리본을 제조하기 위한 방법으로 탄소나노튜브의 압축을 풀기 위해 산소 처리를 이용하는 공정이 연구되었다. 그러나 이 방법은 나노리본의 가장자리(edge) 부분에 산소 원자들을 남기게 된다. Alesander Talyzin 연구팀은 새로운 연구에서 수소 분자와의 반응을 이용함으로써 단일벽 탄소나노튜브(single-walled carbon nanotube, SWNT)의 압축을 풀 수 있었다. 흥미로운 사실은 측벽에 붙은 수소로 나노튜브 압축을 푸는 것은 수소화된 그래핀의 합성을 유도할 수 있다는 것이다. 수소 분자와의 반응으로 생산된 나노리본들은 가장자리 부분에 수소를 가질 것이고, 이는 응용제품들에서 장점으로 작용될 것이다.

그림 8-7

수소 처리에 의한 탄소나노튜브의 그래핀(graphene) 제조.

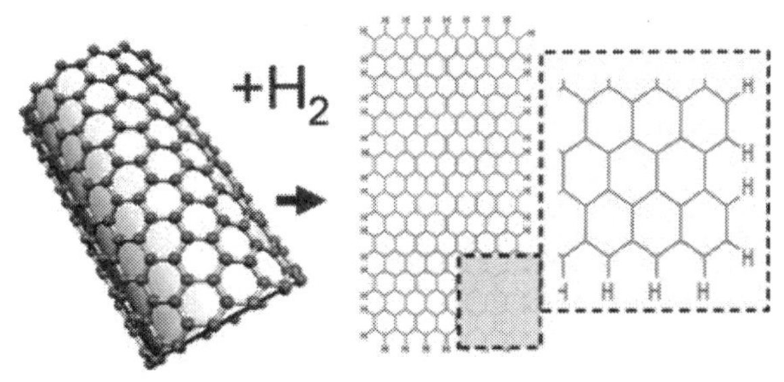

그래핀 나노리본은 마치 탄소나노튜브를 축 방향으로 펼친 것과 같은 1차원 나노선이다. 그래핀 나노리본을 전자회로에 응용하려면, 앞서 언급한 가장자리의 영향을 포함한 다양한 물리적 성질을 이해하는 것이 무척 중요하다. 특히, 그래핀 나노리본과 매우 유사한 탄소나노튜브에서는 매우 비슷한 지름을 가진다고 하여도 그래핀의 독특한 전자구조로 인하여 나노튜브를 만드는 방법에 따라 금속 혹은 반도체가 된다. 물리적으로 무척 흥미롭지만, 이러한 불균일한 전기적 성질은 탄소나노튜브의 응용에 큰 걸림돌이 되어왔다. 그래핀 나노리본에서 이러한 기하학적 구조, 가장자리의 구조 및 흡착된 원자의 종류와 전자구조 사이의 상관관계를 확립하는 것이 가장 중요한 문제이다. 그래핀 나노리본의 전자구조를 파악하기 위해서, 먼저 가장자리가 균일한 나노리본의 전자구조를 연구하는 것을 출발점으로 삼을 수 있다. 균일한 가장자리를 가지는 나노리본의 종류는 가장자리가 안락의자(armchair) 형태로 생긴 안락의자형 나노리본(그림 8-8 (a))와 갈지자(zigzag) 형태로 생긴 갈지자형 나노리본(그림 8-8 (b))로 나눌 수 있다. 나노리본의 원자모형은 위 아래로 끝없이 이어져 있는 1차원 구조이다. 예측가능하고 균일한 전기적 성질을 가진 그래핀 나노리본을 제작하기 위해서는 그래핀의 가장자리에 대한 기하학적 구조 및 흡착 원자의 종류 등을 조작할 수 있어야 하며 이는 향후 많은 실험적 연구가 필요할 것이다. 이 가장자리 제어에 관한 기초적 이론과 실험 연구들은 향후 그래핀 나노리본을 전자회로에 응용하는 데 중요한 기반을 제공할 것이다.

그림 8-8

그래핀(graphene) 나노리본의 원자모형 (a) 안락의자(armchair) 형태 (b) 갈지자(zigzag) 형태.

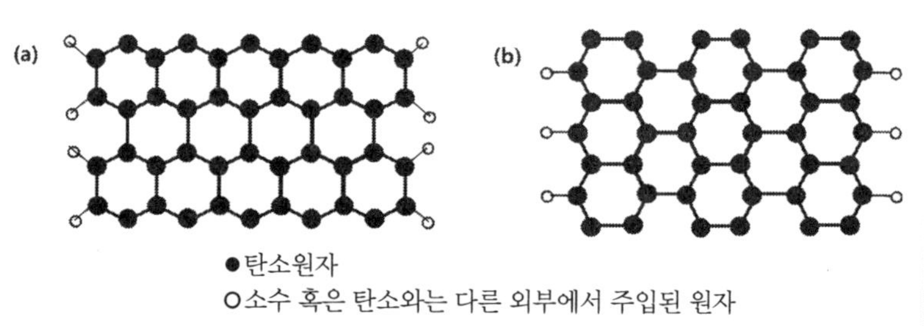

8-4-5 아크 방전에 의한 간단한 그래핀의 제조법

인도 연구팀이 간단한 전기적 방법으로 그래핀의 제조법을 개발했다. 인도 방갈로르(Bangalore)에 위치한 자와할랄네루 고등과학연구센터(Jawaharlal Nehru Center for Advanced Scientific Research)의 친타마니 N.R. 라오 (Chintamani N. R. Rao)와 그의 연구팀은 간단한 아크 방전(arc discharge)으로 2~4층 두께의 그래핀을 제조할 수 있음을 보여주었다. 연구팀은 수소와 헬륨의 존재하에서 두 개의 그라파이트(graphite) 전극을 각각 양극(anode)과 음극(cathode)으로 고전류, 고전압(100A 이상, 50V 이상) 아크를 일으키면, 기기의 내부 벽면에 그래핀 박편(flake)이 형성되는 것을 확인하였다. 수소 존재 하에서 탄소 전극에 아크 방전을 일으키면 양극 주위에 다중벽 탄소나노튜브(multi-walled carbon nanotube, MWNT)와 그라파이트가 형성되는 것은 알려져 있었으나, 친타마니 연구팀은 반응기(arc chamber) 내부 벽면에는 그래핀 박편만이 존재하는 것을 발견한 것이다.

연구팀은 다이보레인(diborane)이나 피리딘(pyridine) 존재하에서 전기 방전을 일으키면 각각 붕소와 질소로 도핑된 그래핀을 얻을 수 있다는 것도 보여주었으며, 현재 이와 같이 도핑된 그래핀의 구조와 물성에 관하여 연구하고 있다. 또한 수소의 존재가 탄소의 댕글링 본드(dangling bonds)와 결합하여 그래핀 시트를 형성하는데 중요한 역할을 하며, 이들 댕글링 본드가 서로 결합하여 다중벽 탄소나노튜브나 닫힌 구조의 탄소 화합물(closed carbon structures)을 형성하는 것을 막는다고 설명하였다. 벌집 구조(honeycomb structure)의 일 원자 두께 시트인 그래핀은 탁월한 전기적, 기계적 성질로 인하여 최근 큰 관심을 얻어왔다. 한 층 또는 몇층 두께의 그래핀은 그라파이트를 한겹, 한겹 떼어내거나, 다단계 합성법 등의 복잡한 기법에 의하여 제조된다.

8-4-6 수소 저장을 위한 3차원 그래핀 나노구조

수소는 자동차를 위한 에너지원으로서 많은 관심을 받으며 활발히 연구되고 있는 물질이다. 이와 더불어 휴대폰이나 노트북과 같은 작은 휴대용 소자(portable device)를 위한 에너지원으로도 사용될 수 있다는 가능성을 인정받으며 그 연구가 확대되어 가고 있는 추세이다. 그러나 수소를 동력으로 자동차를 운행하기 위하여, 수소를 저장하는 가스탱크의 크기가 커야 한다는 것이 제한 요인이다. 수소는 석유보다 에너지 밀도가 3배 가량 높지만 수소 기체는 저장이 어렵다. 최신 수소 자동차 모델은 연료탱크를 가득 채웠을 때 약 450 km를 주행할 수 있다. 따라서 더 많은 수소를 보다 쉽게 저장하는 것이 수소 연료에 있어서 엄청난 기술적 진보라 할 수 있다.

이러한 추세에 부합하기 위하여 미국의 에너지국(Department of Energy, DOE)은 수소 연구에 대한 보다 구체적인 가이드라인을 제시하여 많은 연구팀들에 의해 수소를 저장할 수 있는 적절한 재료에 대한 연구가 활발히 진행되고 있는데, 비중 밀도(gravimetric density)는 6 wt%, 부피 용량(volumetric capacity)은 1리터당 45g이 되어야 한다. 처음에는 $LaNi_5$, TiFe, $MgNi_2$ 등과 같은 금속 합금(metal alloy) 물질들이 수소 저장을 위한 재료로 연구되었다. 왜냐하면 화학적인 수소화 반응을 통하여 이러한 물질들은 금속 수소화물(metal hydride)을 만들 수 있기 때문이다. 그런 후에 수소는 이러한 수소화물로부터 탈수소 반응(dehydrogenation)을 통하여 배출될 수 있다.

자동차와 같은 이동 수단에서의 연료로 이용하기 위한 측면에서 보면, 금속 수소화물은 크게 두 가지 물질로 나누어진다. 고온 물질과 저온 물질이 바로 그것인데, 이는 수소의 흡수와 방출 특성이 온도에 의존하기 때문이다. 대개 150°C를 기준으로 이러한 물질을 나누게 된다. La 기반과 Ti 기반의 합금 물질들이 대표적인 저온용 물질인데, 이들은 비중 밀도가 2 wt% 미만이라는 단점이 있다. 고온 물질로는 Mg 기반의 합금이 있는데, 이 물질은 이론적으로는 비중 밀도가 7.6 wt%까지 보고되고 있다. 그러나 열역학적으로 수소화 및 탈수소화 반응이 쉽지 않아서 이용하기에는 한계가 있다.

모든 경우에 금속 합금 물질들은 상용화를 생각했을 때 가격 면에서도 문제가 되고, 휴대용 제품에 이용하기에는 무게가 무겁다는 단점도 있다. 이에 반하여 가벼운 나노기공 물질(nanoporous materials)

들은 수소를 물리적인 흡착(physisorption)을 통하여 저장하고 배출할 수 있다. 하지만 수소와 이용 물질(host material) 간의 반응(interaction)이 일어나기 때문에, 상온에서 저장할 수 있는 수소의 양에 제한이 있다는 단점이 있다. 이러한 단점을 극복하고 높은 수소 저장 밀도를 얻기 위해서는 높은 표면적(high surface area)과 적절한 기공 크기(pore size)를 갖도록 하는 것이 중요하다. 나노기공 탄소 구조(nanoporous carbon structure)가 이러한 요건을 만족하여, 수소 저장을 위한 재료로서 큰 관심을 받으며 연구되고 있다.

탄소나노튜브(carbon nanotube, CNT)의 합성 이후, 과학계는 그 저장 능력에 초점을 맞추고 많은 연구를 수행하고 있다. 처음의 연구들은 탄소나노튜브가 수소 저장 장치로서 매우 이롭다는 특성 및 가능성을 많이 보여주었다. 그러나 더 많은 연구가 수행됨에 따라, 임의의 조건 하에서는 순수한 탄소나노튜브는 적절한 재료가 아니라는 것이 밝혀졌다. 이후 탄소나노튜브를 리튬이온(lithium atom)을 이용하여 도핑(doping)하면 수소 저장 용량을 크게 높일 수 있다는 연구들이 발표되었다. 하지만 이는 분명히 증가한 수치이기는 하지만, 미국의 에너지국이 제시한 수치에 이르기까지는 부족해 보인다.

최근에는 금속 유기 물질(metal organic frameworks, MOFs)과 같은 새로운 나노기공 물질들이 수소 저장 장치로서 이용될 수 있는지 가능성을 보여주는 연구 또한 많이 수행되고 있다. 이러한 물질들은 표면적이 높으며, 수소 저장 능력이 탄소나노튜브보다 높은 것으로 여러 연구에서 보고되고 있다. 하지만, 탄소나노튜브가 갖는 구조적인 안정성과 다양한 분야로의 응용 가능성을 가지지는 못하는 것으로 보인다.

이러한 상황에서 그리스 재료 과학자들은 탄소를 기반으로 하는 그래핀 재료를 이용하여 수소 저장 능력을 높일 수 있다는 중요한 연구결과를 발표하였다. 연구팀은 탄소나노튜브가 수소 저장 재료로서 매우 좋은 특성들을 가지고 있는데, 단 한 가지 문제점은 그들의 저장 능력이라는 점에 주목하였다. 수소의 흡착 능력은 재료의 기공(porosity)에 따라 많이 달라진다. 따라서 이러한 흡착 분자의 양을 늘리기 위해서 마이크로기공의 부피를 증가시키고, 이러한 기공들의 크기 분포를 최소화해야 한다.

그리스의 크레타대학교 연구팀은 2007년 탄소 나노스크롤(carbon nanoscroole)이 3.31 wt%까지 수소를 저장할 수 있다는 사실을 증명하였다. 현재 연구진은 탄소 나노스크롤의 약 2배 이상의 저장 능력을 나타내는 유사한 재료를 고안했다. George Froudakis를 주축으로 하는 연구진이 개발한 새로운 디자인은 1.2 nm 높이의 탄소나노튜브 기둥(carbon nanotube pillar)으로 분리된 원자 두께의 탄소 시트인 그래핀 시트로 구성된다.

연구팀은 평행한 그래핀 층들을 이용하여 3차원적인 구조를 만들었고, 탄소나노튜브를 이용하여 이러한 그래핀 층들을 수직으로 지지하도록 하였다. 탄소나노튜브는 그래핀층들을 마치 기둥(pillar)처럼 지지하고, 그래핀을 이용한 3차원 구조에서 빈 공간을 채워서 빈 공간을 감소시키는 역할도 수행하였다. 연구팀은 이번 연구가 획기적이라고 발표하며, 앞으로 이를 이용하면 저장 용량이 높은 수소 저장 장치를 만들 수 있을 것이라고 기대하고 있다.

그림 8-9

탄소나노튜브 기둥으로부터 구성된 3차원 그래핀(graphene) 나노 구조[출전: Nano Letters].

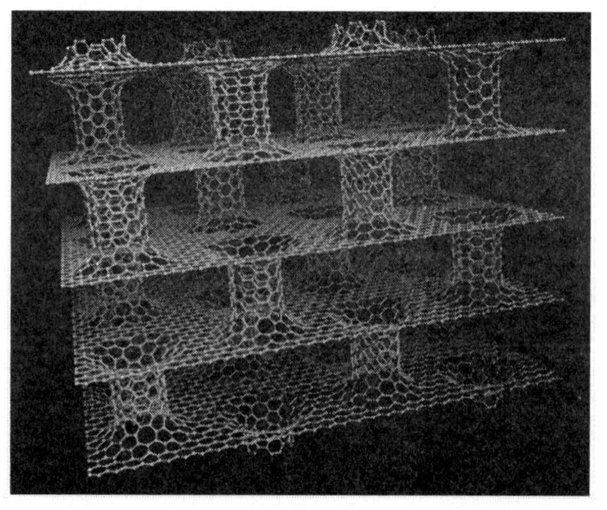

8-4-7 그래핀의 응용

그래핀은 우수한 전기적 · 광학적 특성으로 인해 차세대 전자 소자 재료로서 많은 주목을 받고 있다. 현재 그래핀을 이용한 전자 소자 연구를 크게 두 분야로 분류하면 그래핀을 반도체 채널로 이용하여 트랜지스터나 센서 등을 제작하고 집적화하는 연구와 투명전극에 응용하는 연구로 분류할 수 있다. 단층 그래핀의 경우 기존의 실리콘에 비해 월등히 높은 전하 이동도를 가지고 있으며, 동시에 기존의 투명전극재료보다 높은 투과도를 가지고 있기 때문에 차세대 유기 전자소자의 재료로서 응용 가능성이 매우 높다. 뿐만 아니라, 다층 그래핀의 층수를 제어하거나 전기장을 가해주는 등의 방법으로 전하 이동도와 일함수, 밴드갭 등을 제어할 수 있기 때문에, 이를 활용하면 유기 전자소자의 성능 향상에 매우 획기적인 기여를 할 수 있을 것이라 기대된다. 이를 위해서는 그래핀의 특성 제어에 따른 유기 전자소자의 성능 변화에 대한 체계적인 연구가 필요하다. 나아가 그래핀의 질을 높일 수 있는 기술과 패턴을 정밀하게 제조할 수 있는 기술의 개발을 통해 고성능의 소자를 구현하고 집적화를 가능하게 하면, 실리콘을 이어갈 차세대 소자로서의 응용 가능성을 더욱 확대시킬 수 있을 것이라 기대된다.

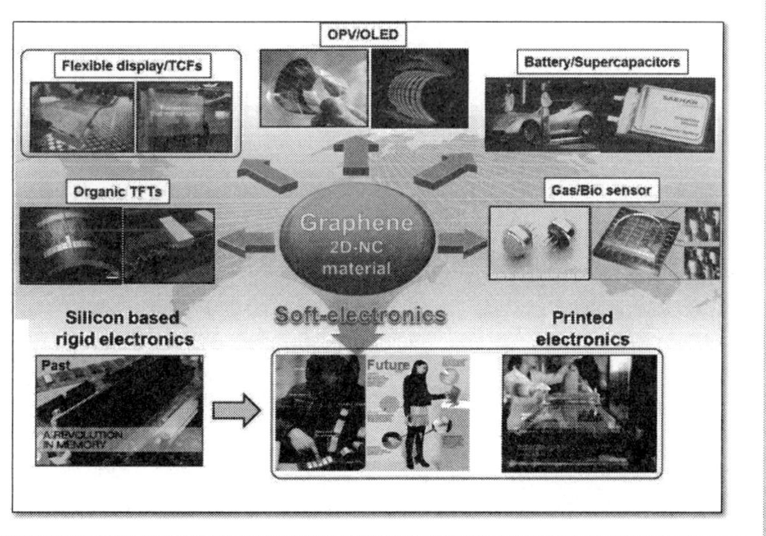

그림 8-10
그래핀(graphene) 응용기술 및 차세대 소프트 일렉트로닉스 기술[출전: 전기연구원, 2012].

8-4-7-1 그래핀 센서

탄소나노튜브와 마찬가지로 그래핀은 표면의 소수성(hydrophobic)으로 인해 다양한 방향족 분자를 흡착시키는 것이 가능하며, 이에 따라 전도도의 세기나 형태가 변화하는 것을 측정해 감지할 수 있다. 1차원 그래핀 나노구조(나노리본)의 경우 가장자리의 결함 구조에 따라 소자의 특성이 결정되어 이를 분자 수준에서 제어할 수 있는 화학적 방법이 요구되는데, 경우에 따라서는 민감한 그래핀 나노리본의 가장자리 구조를 이용해 매우 높은 감도를 가지는 센서를 제작할 수 있다. 탄소나노튜브의 경우 거의 모든 탄소가 다른 탄소들과 안정한 결합을 이루어 결함의 수가 상대적으로 적고, 따라서 이러한 결함을 화학적으로 수정하여 센서로 응용할 경우 그 효율성이 상대적으로 떨어진다. 이에 반해 그래핀 나노리본에서는 80% 이상의 전자가 화학적으로 변형 가능한 가장자리에 위치하므로 다양한 화학적 기능기를 도입함으로써 반도체 성질을 조절할 수 있을 뿐 아니라 고감도 센서로의 응용이 가능하다.

그래핀은 전기적 방법을 이용하는 경우 소자의 채널 근처에서 반응이 일어나기 때문에 검출 능력이 우수하다고 알려져 있다. 특히 전기적 특성이 우수하고 표면 조건에 따라서 이러한 전기적 특성이 크게 변화하기 때문에 검출 소자로서 적당하다. 그래핀의 특성을 살펴보면 첫째, 그래핀은 2차원적인 특성을 지닌 물질이기 때문에 모든 체적(volume)이 표면 흡착물질에 노출이 되어 흡착특성을 극대화할 수 있다. 둘째, 그래핀의 전기전도성이 우수하고 금속 성질을 지니기 때문에 여분의 전자로 인한 주전하량의 변화 때문에 생기는 Johnson noise가 매우 적다. 셋째, 그래핀은 구조적 결함이 매우 적기 때문에 열변화에 의해 야기되는 효과가 적다. 넷째, 그래핀은 금속과의 옴 접촉(ohmic contct)을 형성하므로 접촉저항이 매우 낮아 4-point probe 측정이 가능하다. 그래핀을 소자의 채널 층으로 이용한 센서의 구조를 그림 8−11에 나타내었다.

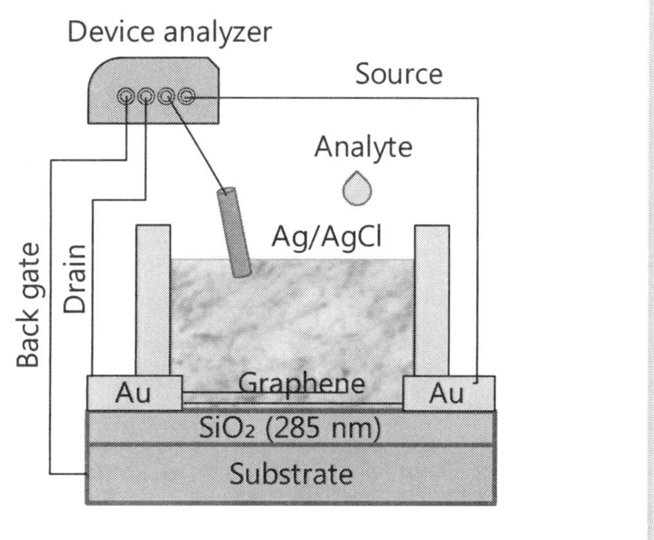

그림 8-11
그래핀(graphene) 기반 센서의 구조.

그래핀은 대체로 p-type 물질로 알려져 있기 때문에 표면의 특성이 바뀌게 되면 채널에 존재하는 전하량에 영향을 주어 전기적 특성이 바뀌게 되는 원리를 이용한다. pH 센서의 경우 염기성이 증가하게 되면 OH^- 전하가 채널 근처에 늘어나게 되어 그래핀의 주된 전하인 정공을 채널 층으로 끌어오는 효과를 내어 전기전도도가 향상된다. 마찬가지 원리로 산성이 증가하게 되면 H_3O^+ 전하가 채널 근처에 늘어나게 되어 주전하인 정공을 밀어내는 효과를 나타내므로 전기전도도가 감소하는 결과를 가져온다. 이러한 특성이 pH 센서에 활용된다. 비슷한 성질로서 NO_2, H_2O 및 I_2은 받개로서 작용하여 그래핀 채널의 정공 전하량을 증대시켜 전류증가 효과를 나타내고, NH_3, CO 및 C_2H_5OH은 주개로서 작용하여 그래핀 채널의 정공 전하량을 감소시켜 전류 감소 효과를 나타내기 때문에 이를 가스센서에 응용한다는 결과도 보고되었다. 중금속 검출센서나 바이오센서 역시 비슷한 성질들을 이용하여 전하량 조절을 통한 전류 변화를 측정하여 센서로 활용하고 있다. 단일 원자층의 그래핀은 상온에서 매우 빠른 전하 이동도를 갖고, 단위 부피당 표면적비가 매우 넓기 때문에 분자 흡착에 적합하다. 또한 높은 전도도와 함께 전기적 노이즈가 매우 낮기 때문에 초민감도 센서 개발에 적용할 수 있다.

8-4-7-2 그래핀 투명전극

투명전극은 통상 80% 이상의 고투명도와 면저항 500 Ω/sqm 이하의 전도도를 가지는 전자 부품으로 LCD(liquid crystal display) 전면 전극, 유기발광다이오드(organic light emitting diodes, OLED) 전극 등 디스플레이, 터치스크린, 태양전지, 광전자 소자 등 전자분야에 광범위하게 사용되는 기술이다.

최근 급격히 늘어난 평판 디스플레이의 수요로 세계 투명전극 시장은 향후 10년 안에 20조 원대로 성장할 것으로 예상된다. 디스플레이 산업이 발전한 우리나라의 특성상 해마다 국내 수요도 수천억 원에 이르지만 원천기술의 부족으로 대부분 수입에 의존하고 있다. 대표적인 투명전극인 ITO(indium tin oxide)는 디스플레이, 터치스크린, 태양전지 등에 광범위하게 응용되고 있지만, 무기물인 ITO는 힘에 약하여 유연성에 한계가 있어 접거나 휘거나 늘릴 수 있는 차세대 전자제품의 응용에 제약을 받아왔다. 더욱이 indium 자체가 희소금속으로 최근 자원 고갈로 인해 단가가 상승하면서 대체물질의 시급한 개발이 요구되고 있다. 유기계 전도제를 이용한 필름도 개발되고 있지만 전도성을 향상시키는 경우 착색과 내구성에서 문제가 되고 있다.

그래핀은 뛰어난 신축성, 유연성 및 투명도를 동시에 가지면서도 상대적으로 간단한 방법으로 합성 및 패터닝이 가능하다는 장점이 있다. 최근 각광받고 있는 OLED나 유기 태양전지의 경우 기존 무기물 기반 전극을 쓰게 되면 접촉 부위의 일함수 등의 차이로 인해 전극 특성이 저하되는데, 그래핀의 경우 유기 물질과의 일함수 차이가 크지 않아 이러한 문제를 쉽게 해결할 수 있다는 장점도 있다. 따라서 그래핀 투명전극은 향후 대량 생산기술 확립을 통해 수

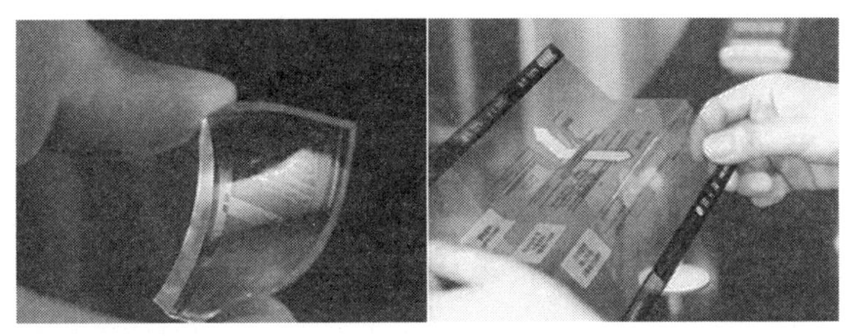

그림 8-12
차세대 투명전극과 플렉시블 디스플레이.

입대체 효과뿐 아니라 차세대 플렉시블(flexible) 전자산업 기술 전반에 혁신적인 파급을 미칠 것으로 예상된다.

8-5 탄소섬유

8-5-1 탄소섬유의 개요

8-5-1-1 탄소섬유의 정의

탄소섬유(carbon fiber, CF)는 탄소가 주성분인 0.005~0.010mm 굵기의 매우 가는 섬유이다. 일반적으로 폴리아크릴로니트릴(polyacrylonitrile, PAN) 수지 또는 석탄 · 석유 피치 등을 섬유화한 후, 특수한 열처리 공정을 거쳐 만든 미세한 흑연 결정 구조를 가진 섬유상의 탄소 물질을 말한다. 국제 표준화 기구(International Organization for Standardization, ISO)가 1978년에 개정한 ISO-2078(Man-made fibers-Generic names)에서는 "유기섬유 전구체를 가열하여 얻은 탄소 함유율이 90% 이상인 섬유"라고 정의하였고, IUPAC의 탄소 용어 및 정의 제정 국제 위원회에서 1986년 7월에 제정한 안에 의하면 "탄소섬유는 유기섬유 전구체의 소성에 의하여 만들어지거나 특수한 경우에는 탄화수소의 기상 성장에 의하여 만들어지는 것으로, 92% 이상의 탄소로 이루어진 비흑연(non graphite) 상태의 섬유(filament, yarn, roving)"라고 정의하였다.

탄소섬유를 구성하는 탄소 원자들은 섬유의 길이 방향을 따라 육각고리 결정의 형태로 붙어 있으며, 이러한 분자 배열 구조로 인해 강한 물리적 속성을 띠게 된다. 탄소섬유는 최고 1,000～1,500℃의 온도에서 열처리한 섬유로서 이들은 많은 전구체(precursor)의 가열에 의하여 얻어진 탄소 함유율 90% 이상의 무기섬유이다. 즉, 전구체라 불리는 전 단계 섬유를 소성하여 탄소만을 남기는 방식으로 공업화를 하며, 전구체의 종류에 따라, 팬(PAN)계, 피치(Pitch)계 및 레이온(Rayon)계 탄소섬유로 분류되고, 그 중 PAN계가 압도적으로 많이 사용된다. PAN(polyacrylonitrile)계 탄소섬유는 높은 인장강도 및 전단강도를 지닌 고기능성 충전재로서 우주 및 항공분야에 소비되어 왔으며, 피치계의 경우 값싼 범용성 탄소섬유로서 많은 가능성을 내포하고 있으며, 실질적으로 가시적인 성과도 보이고 있다.

8-5-1-2 *탄소섬유의 분류*

(1) 탄소화 온도에 의한 분류

- 방염섬유 : 300～400℃ 온도범위에서 열처리하여 인정화 공정을 거친 열경화성 섬유를 산화 반응시켜 얻어지는 섬유로서, 섬유의 구조를 안정화시킨다는 측면에서 안정화 PAN 섬유라고도 한다.
- 탄소섬유 : 800～1,500℃ 온도범위에서 유기물질의 열분해에 의해 탄화시켜 탄소만으로 구성된 직경 5~15 μm의 열처리한 섬유로서 10^{-1}～10^{-2} Ω·cm의 전기 비저항을 갖는다.
- 흑연섬유 : 2,000℃ 이상의 온도에서 열처리하여 흑연화한 탄소섬유로서 10^{-3}～10^{-4} Ω·cm 부근의 전기 비저항을 갖는다.

(2) 전구체 원료에 의한 분류

- PAN계 탄소섬유(PAN-based carbon fibers)
- 피치계 탄소섬유(Pitch-based carbon fibers)

- 등방성 피치계 탄소섬유(Isotropic pitch-based carbon fibers)
- 이방성 피치계 탄소섬유(Mesophase pitch-based carbon fibers)

• 레이온계 탄소섬유(Rayon-based carbon fibers)
• 기상성장 탄소섬유(Gas phase grown carbon fibers or Vapour grown carbon fibers)

(3) 탄소섬유의 관용적 분류

• 범용 탄소섬유(General Purpose Grade CFs, GPCFs): 인장강도 1,000 MPa, 인장탄성률 100 GPa 전후의 기계적 성질을 가지며, 저탄성률형(Low Modulus Type, LM형) 탄소섬유라고도 불리며, 성능에 비해 저렴한 가격이라는 장점이 있다.
• 고성능 탄소섬유(High Performance Grade CFs, HPCFs): 범용 탄소섬유와 구별하여 기계적 특성이 고성능이라는 의미로 붙여진 이름이다. 고탄성률(High Modulus, HM형), 고강도(High Tensile, HT형), 중탄성률(Intermediate Modulus, IM형) 탄소섬유를 포괄한다.
  - 고탄성률형 탄소섬유(High Modulus Type CFs, HM형): 인장탄성률 350 GPa 이상의 탄소섬유를 의미한다. HM형 탄소섬유보다 탄성률이 더 높은 섬유를 초고탄성률형 탄소섬유(Ultra High Modulus Type CFs, UHM형)라고 하며 일반적으로 인장탄성률이 600 GPa 이상인 탄소섬유를 말한다.
  - 고강도형 탄소섬유(High Tensile Type CFs, HT형): 인장탄성률 220~260 GPa, 인장강도 3,000 MPa 이상인 탄소섬유를 말한다. HT형 탄소섬유는 PAN 전구체를 가열 · 탄소화하여 만든 것으로 항공기용 탄소섬유강화 플라스틱(Carbon Fiber Reinforced Plastics, CFRP)의 강화재로

많이 쓰이고 있다. 특히, 인장강도가 6,000 MPa 이상인 탄소섬유를 초고강도형 탄소섬유(Ultra High Tensile Type CFs, UHT형)라고 부른다.

- 중탄성률형 탄소섬유(Intermediate Modulus Type CFs, IM형): 인장탄성률 300 GPa, 인장강도 5,000 MPa 이상인 탄소섬유를 말한다.

8-5-1-3 탄소섬유의 제조

탄소섬유의 제조공정 중 열처리 단계에서의 화학 반응을 그림 8−13에 나타내었다. 먼저 PAN(①)을 175°C 정도까지 가열하면 ②와 같은 고리구조를 형성하면서 까맣게 변하며 사다리형 고분자(ladder polymer)화가 이루어진다. ②의 사다리형 고분자를 더 가열하면, 산화 반응에 의해서 방향족 고리 구조를 가진 ③의 폴리퀴니자린(polyquinizarine) 고분자로 변환하며, 이 고분자를 불활성 분위기에서 1,000~3,000°C까지 열처리하면 흑연구조를 가진 탄소섬유가 얻어진다.

그림 8−13
탄소섬유의 열처리 과정에서 화학 반응[출전: 서민강 등, 고분자과학과 기술, 21(2), 2010].

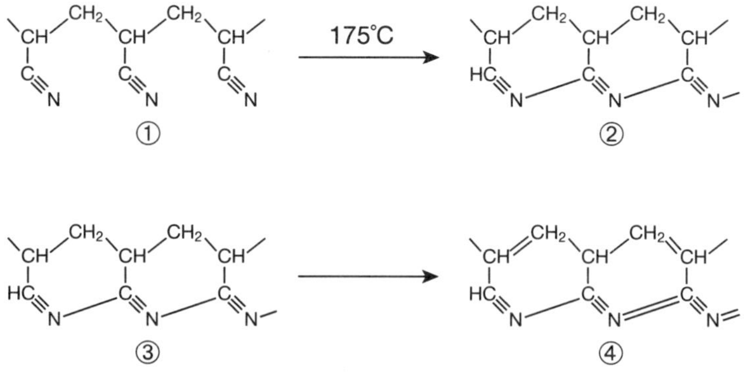

다음 그림 8−14에 탄소섬유 제조공정을 도식적으로 나타내었다.

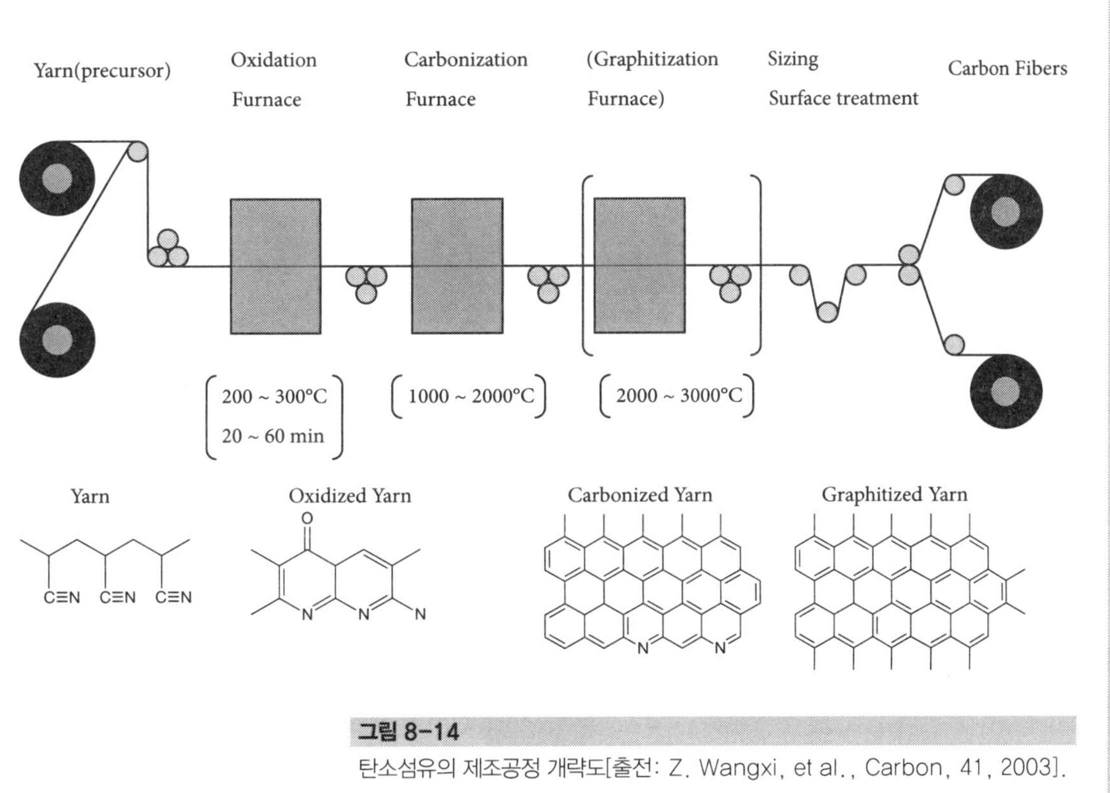

그림 8-14
탄소섬유의 제조공정 개략도[출전: Z. Wangxi, et al., Carbon, 41, 2003].

(1) PAN계 탄소섬유

PAN(Polyacrylonitrile)은 90% 이상의 acrylonitrile 단량체와 methyl acrylate, methyl methacylate, methacrylic acid, vinylacetate, itaconic acid 및 sodium methallyl sulphonate 등과 같은 다양한 단량체와 공중합을 통해 합성되는데 분자량은 약 10000에서부터 수백만 g/mol까지의 폭넓은 값을 가진다.

PAN계 탄소섬유(PAN-based carbon fibers)를 제조하기 위하여 용액 방사(solution-spinning), 겔 방사(gel-spinning) 및 용융 방사(melt-spinning) 등과 같은 다양한 섬유방사 기술들이 적용 가능하다. 특히, 겔 방사를 통하여 섬유 전체에 걸쳐 미세기공이 적은 고연신 섬유를 제조할 수 있다. 다양한 방법으로 제조된

PAN 전구체 섬유는 안정화(stabilization)–탄화(carbonization)–흑연화(graphitization) 등의 열처리 과정을 거치게 된다. 안정화 열처리 공정 중에 수축과 팽창을 조절하여 분자의 비배향성(disorientation)을 최소화하는 것은 고장력 · 고탄성 탄소섬유 제조의 필수요소이다. 전구체 고분자는 안정화 공정을 통하여 사다리 구조의 고분자화가 이루어지며 이 구조는 고온 열처리에 대하여 열적으로 안정하다. 안정화 다음의 불활성 조건에서의 탄화(carbonization)는 분자간 반응이 일어나서 사다리형 고분자 사이에 가교가 이루어진다. 탄화 후의 전체적인 탄화율은 약 50~60%이다. 불활성 조건에서 흑연화(graphitization)를 통해 더욱 정렬된 흑연구조가 생성되어 고탄성률의 섬유가 제조된다.

PAN계 탄소섬유는 일반 의류용 아크릴 섬유를 이용하는 경우도 있으나 대부분 5~15% 내외의 공중합체를 함유한 특수 개질된 아크릴을 원료로 이용하여 습식(wet-spinning) 내지는 건식 방사방법(dry-spinning)을 사용하여 섬유화한 다음 이를 공기 중에서 산화–안정화하여 내염섬유를 만들고, 이를 다시 탄소화 내지는 활성화하여 탄소섬유, 활성탄소섬유를 만들고 있다. PAN계 탄소섬유의 제조에 있어서 가장 중요한 공정은 내염화 공정이며, 이 공정에서 PAN 분자는 탄소화 반응을 제어하기 쉬운 피리미딘(pyrimidine) 고리를 주성분으로 하는 사다리형 고분자로 된다. 내염화 섬유는 이 공정까지만 거친 섬유이다. 의복용 등에 이용되는 보통의 PAN 섬유는 그 자체로는 바람직한 사다리형 분자 구조가 형성되기 어렵기 때문에 공중합 등의 수단으로 전구체 원료를 개질하여 사용한다. 이에 따라 섬유 성능이나 생산성도 향상된다. PAN계 탄소섬유는 보통 습식 또는 건식 방사법으로 제조된다. 제법에 따라서 용제나 응고액 등은 달라지지만 이에 따른 특성의 차이는 거의 없다. 산화 · 안정화 전 예비 연신이나, 안정화-탄소화-흑연화 공정 시 긴장(tension)하에서 처리함으로써 탄소섬유의 강도 및 탄성률을 상당한 범위로 변화시킬 수 있기 때문에 용도에 따라서 각종 타입의 제품을 얻기 위한 다양한 연구가 이루어지고 있다.

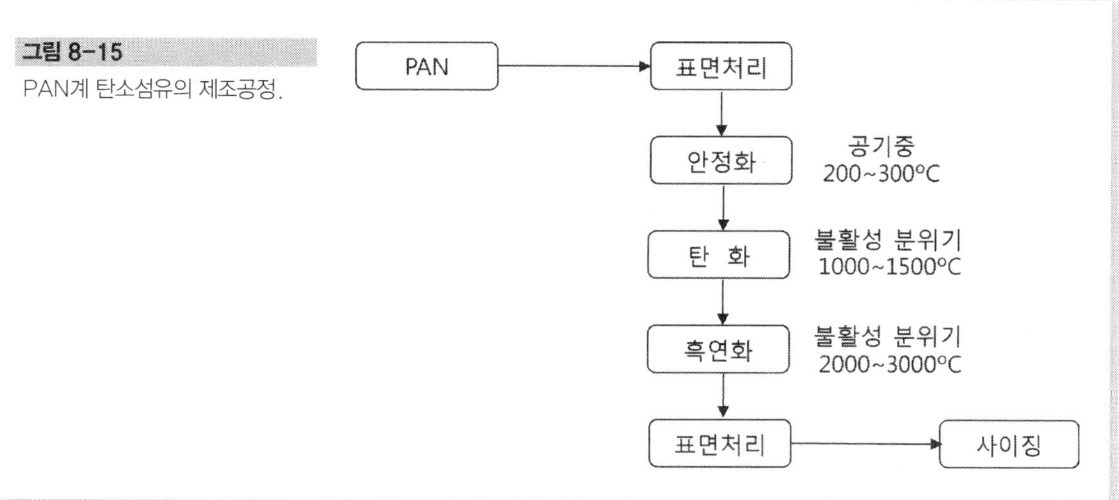

그림 8-15
PAN계 탄소섬유의 제조공정.

(2) 피치계 탄소섬유

피치계 탄소섬유(Pitch-based carbon fibers)는 석유 또는 석탄 피치(pitch)로부터 전구체를 얻어 생산되는 섬유이다. 피치계 섬유는 탄소함량이 우수하여 PAN계 및 레이온계에 비해 탄화수율이 월등히 높아 탄화공정 후 탄화수율은 대략 70~80% 정도이며, 전기전도성이나 활성화시 비표면적이 우수한 특징을 가지고 있다. 그러나 방사용 피치는 제조시 형성되는 1차 퀴놀린 불용분(primary quinoline insoluble) 등으로 인해 피치를 완전히 용해할 용매가 없어서 대부분 용융 방사 방법을 채택하고 있으며, 분자량 분포가 넓고 분자량이 작아 방사성도 불량하며, 방사시 방사환경(온습도, 방사온도, 노즐형태) 등에 민감하게 반응하여 방사구간이 짧은 단점을 가지고 있다. 현재, 피치계 탄소섬유는 용융 방사(melt spinning), 용융분사 방사(melt-blown spinning) 및 원심분리 방사(centrifugal spinning) 방식에 의해 직경이 약 10 μm 내 · 외의 섬유가 제조되고 있는 것이 일반적인 방법이다.

축합 다환 방향족 탄화수소의 혼합물인 피치는 일반적으로 무정형이고 광학적으로 등방성이다. 일정 성상의 등방성 피치를 불활성 가스 분위기 하에서 열처리하면 다양한 경로를 거쳐서 최종적으로는 광학적으로 이방성을 보여서 네마틱상(nematic phase)의 피치 액정을 포함한 이방성 피치로 전환된다. 피치계 탄소섬유의 경우, 사용하는 원료에 따라 등방성(isotropic)과 이방성(anisotropic, mesophase) 피치계 탄소섬유로 분류할 수 있으며, 등방성의 경우, 대부분 활성화하여 활성탄소섬유나 범용 탄소섬유로 이용되고, 이방성의 경우, 긴장 흑연화 처리하여 특수목적용 탄소섬유나 고성능 탄소섬유로 이용되고 있다. 등방성 피치는 40~120°C 사이에서 연화점(softening point)을 가진다. 이방성 피치는 연화점이 300°C 부근인 탄소질 피치로 알려져 있는 디스크상의 방향족 분자들로 구성된 액정 상태인데 이들의 분자량은 일반적으로 150~1,000 g/mol이며 평균 분자량은 450 g/mol이다.

피치계 탄소섬유의 탄성률은 방향족 축합 고리 정도와 결정화 정도에 따라서 결정된다. 이방성 피치계 탄소섬유는 원료 단계에서 결정성이 높고 흑연으로 되기 쉬운 구조를 갖고 있기 때문에 비교

그림 8-16

피치(Pitch)계 탄소섬유의 제조 공정.

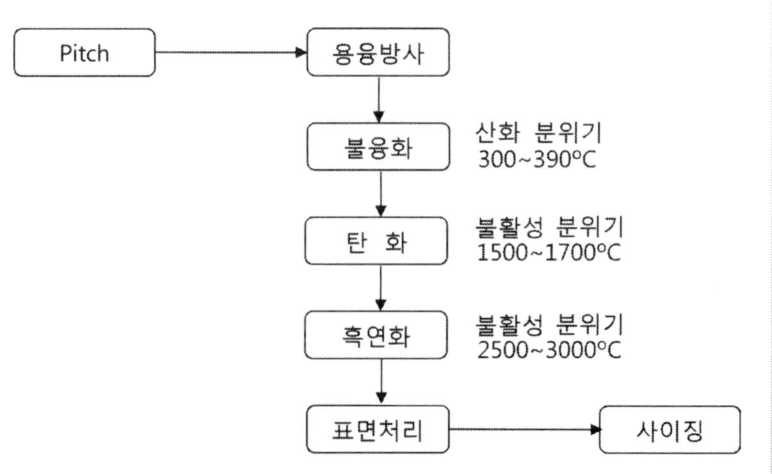

적 저온에서 단시간에 탄성률이 향상된다. 따라서 PAN계 탄소섬유에 비해 비교적 저가로 고탄성률 탄소섬유를 제조할 수 있다.

(3) 레이온계 탄소섬유

1950년대 미 · 소 양국의 우주개발 경쟁이 본격화되면서 내열성이 강한 재료가 요구되었고 강화재로서 유리섬유가 사용되었으나 만족할 수 없어 레이온 섬유를 고온의 불활성 분위기 중에서 열처리하여 만든 레이온계 탄소섬유(Rayon-based carbon fibers)를 사용하게 되었다. 1959년에 미국 유니온 카바이드(Union Carbide)사는 직물 모양의 탄소섬유를 상품화했지만, 그 제조법은 직물 모양 또는 펠트 모양의 레이온을 약 900°C까지 천천히 회분 방식으로 태운 다음 최고 2,500°C 이상의 온도까지 가열하여 흑연화하는 방법이었다. 그리고 레이온을 미리 인산 유도체나 질산염 등에 침지하여 팽윤시키는 화학처리를 한 후에 탄화시킴으로써 탄화에 필요한 시간을 단축시켜서 연속 프로세스가 가능해졌다. 초기의 연속 섬유는 강도와 탄성률 모두가 낮았지만 2,500°C 이상의 온도에서 연신시킴으로써 고탄성률(500 GPa)의 탄소섬유를 얻을 수 있게 되었다.

그림 8-17
레이온(Rayon)계 탄소섬유의 제조공정.

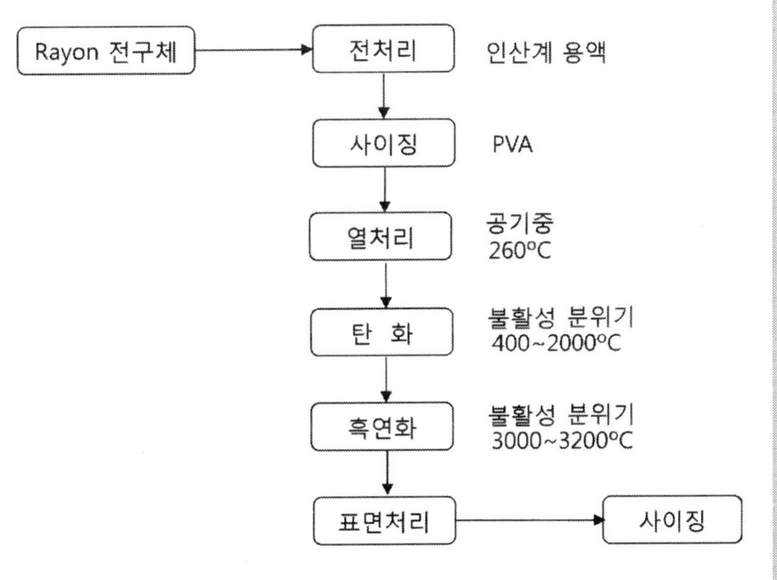

1960년경 유니온 카바이드가 3600°C의 고온 · 고압 탄소아크 중의 물리증착법에 의해 인장탄성률 745 GPa, 인장강도 2000 MPa의 고성능 흑연 휘스커를 개발하였다. 이는 탄소섬유의 고탄성률, 고강도화의 기능성을 제시하여 레이온계 고성능 탄소섬유 개발의 계기가 되었다. 그러나 레이온계 탄소섬유 프로세스가 고가이기 때문에, PAN 및 피치계 탄소섬유가 저렴한 가격으로 제조 가능해지고 고탄성률 탄소섬유로 대체됨에 따라 생산이 중지되었다.

8-5-1-4 *탄소섬유의 특성*

(1) 화학적 특성

탄소섬유의 화학조성은 PAN계, 피치계 및 레이온계 탄소섬유 등의 전구체 물질의 종류, 공중합상태, 방사 시 용매 및 열처리 온도 등의 조건에 의해 크게 달라진다. PAN계 탄소섬유의 경우, PAN계 탄소섬유 및 흑연섬유의 탄소 함유율은 각각 93~98% 및 99% 이상이다. 탄소섬유의 제2성분은 질소이며 4~7%가 피리미딘 고리 구조로 존재하고, 질소 함유율은 열처리 온도가 높아질수록 낮아진다. 피치계는 전구체 물질인 피치섬유 자체의 탄소 함유율이 90% 이상이며, 탄소섬유 및 흑연섬유의 탄소 함유율은 모두 99% 이상이다. 레이온계 탄소섬유는 고강도 · 고탄성률을 얻기 위해 2,000°C 이상에서 연신하면서 열처리하여 흑연화되므로 탄소 함유율이 99% 이상이다. 고강도계의 섬유는 질소가 어느 정도 남아 있으나 고탄성계의 경우 거의 탄소 원자로 이루어진다.

탄소섬유의 수분 함유율은 0.05% 이하이기 때문에 실질적으로 수분의 영향을 받지 않아 안정하며, 유리섬유나 아라미드 섬유를 사용하는 경우보다 뛰어난 내수성을 나타낸다. 탄소섬유는 일반 탄소재료와 마찬가지로 내약품성이 뛰어나 대부분의 약품에 견디고 매우 안정한 재료이다. 그러나 가장 주의를 해야 될 부분은 산화에 대한 저항성으로서, 강산 등에 약하며 고온에서 쉽게 공기와 반응한다.

(2) 기계적 특성

탄소섬유는 실 상태로 중량은 철의 25%, 알루미늄의 70% 정도에 불과하고 강도는 무려 철의 10배에 이르러서 가볍고 강한 특성이 있다. 탄소섬유의 인장강도 및 인장탄성률은 그레이드 타입에 따라 다르지만 다른 섬유에 비해 매우 높고 복합 재료용 보강재로서 매우 우수하다. 최근 수년간에 걸쳐서 기계적 물성의 향상이 이루어졌는데 인장강도로는 대략 5,600 MPa, 인장탄성률은 500 GPa를 지닌 탄소섬유가 상용화되고 있다. 섬유는 일반적으로 결정성과 배향성이 높기 때문에 인장강도 및 인장탄성률이 높다. 또한 이렇게 뛰어난 기계적 특성의 원인으로서는 탄소섬유의 기본적인 구조인 리본상의 미세구조에 기인하며, 섬유상 미세구조의 변화, 결함의 형태 및 양에 의해 크게 영향을 받는다.

(3) 열적 특성

탄소섬유의 비열은 약 0.7~0.9 kJ/kg·K으로서 철 · 알루미늄 · 티탄 합금의 0.5~1.0 kJ/kg·K과 비슷하며, 플라스틱 비열 1.5~2.0 kJ/kg·K의 약 1/2이다. 탄소섬유의 선팽창계수는 $-0.7 \sim -1.2 \times 10^{-6}$ K^{-1}로서 음의 값을 보이면서 온도 상승에 따라 수축하며, 섬유직경 방향으로는 5.5×10^{-6} K^{-1}로 보고되고 있다. 탄소섬유의 열전도율을 직접 측정하는 예는 극히 드물며, 대부분 복합재료의 열전도율을 측정한 값으로부터 추정한다. 다음 그림에 탄소섬유의 비열, 열전도율 및 선팽창계수에 대한 열적 특성을 여러 종류의 재료와 비교하여 나타내었다.

(4) 전기적 · 전자기적 특성

탄소섬유는 전구체 물질의 종류 및 열처리 온도에 따라 분자배열과 결정의 변화가 생긴다. 일반적으로 섬유의 열처리 온도가 1,000°C 이상일 때 전기전도성이 양호해지며, 결정성에 의존하므로 흑연화 섬유가 탄소섬유보다 높은 전기전도율을 나타낸다. 시판되고 있는 탄소섬유 및 흑연섬유의 체적 저항률은 각각 $15 \sim 30 \times 10^{-4}$ Ω·cm

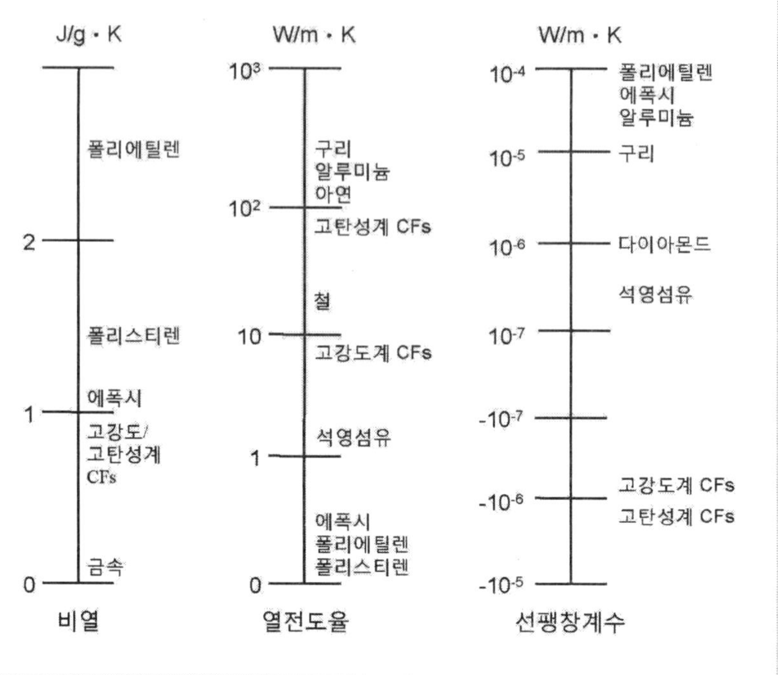

그림 8-18

탄소섬유의 열적 특성[출전: 서민강 등, 고분자과학과 기술, 21(2), 2010].

및 5~8 × 10^{-4} Ω·cm이다. 체적 저항률은 주변 온도에도 의존해서 온도가 높아지면 작아진다.

탄소섬유는 금속이나 유리 섬유에 비해 X선의 투과성이 양호하다. 탄소섬유강화 플라스틱(carbon fiber reinforced plastics, CFRP)의 X선 흡수는 알루미늄이나 유리섬유강화 플라스틱(glass fiber reinforced plastics, GFRP) 등의 비교 재료의 1/10이며, 강도 및 강성이 높기 때문에 인체의 X선 검사용 기기에 사용되어 피폭량 감소에 공헌하고 있다.

8-5-1-5 *탄소섬유의 용도*

탄소섬유의 3대 수요 산업은 스포츠 · 레저 분야, 토목 · 산업 분야, 우주 · 항공 분야이다. 탄소섬유는 다른 재료에 비해서 단가가 높아서 초기에는 골프 샤프트, 낚싯대 및 스포츠 · 레저용품 등을 비롯하여 항공기 · 우주 관련 등의 한정된 분야에서만 사용되었다. 1990

년경에 PAN계 탄소섬유의 판매 가격이 8만원/kg 정도에서 2000년 초반에 2~3만원/kg 정도까지 하락하여 다른 소재의 대체재로서 그 수요가 늘어났으며, 지구 환경 측면에서는 가솔린이 아닌 천연가스나 연료전지를 자동차 연료로 사용하려는 움직임에 힘입어 자동차의 연료탱크에 PAN계 탄소섬유가 사용되기 시작하였다.

최근에는 풍력발전의 발전 효율을 높이기 위한 철제 블레이드를 대체할 소재로 탄소섬유를 사용하려는 시도가 있으며, 심해 해저의 철제 파이프 대체재로서의 고압력용 해저 유전 송유 파이프 및 에너지 효율을 높이기 위한 트럭 차체 등 그 사용 범위가 크게 확대되고 있다.

탄소섬유의 주요 산업별 용도개발 현황을 살펴보면 다음과 같다.

- 스포츠 분야: 골프 샤프트 등 스포츠 용도의 고급품
- 토목 · 건축 분야: 건재, 콘크리트 구조물의 내진 보강(터널 보강재, 교량보강, 마루판 보강), 콘테이너, 목재 보강, 교량 케이블

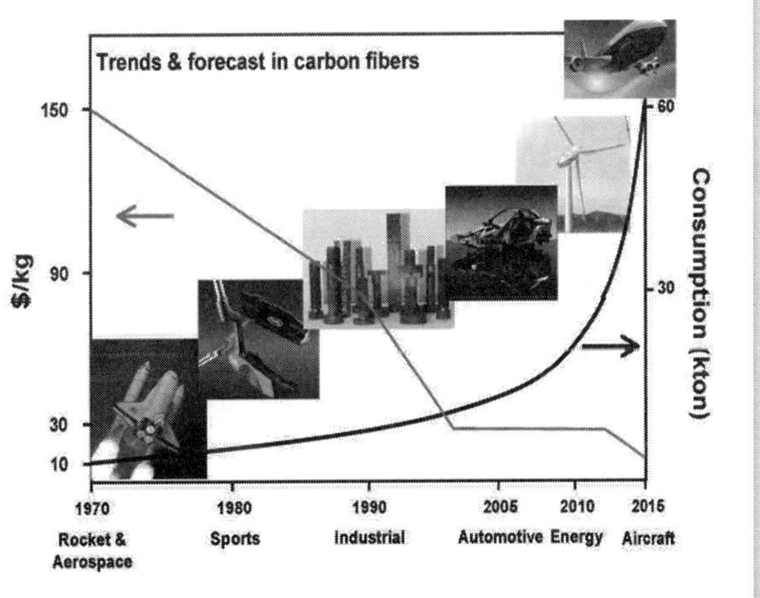

그림 8-19
탄소섬유의 산업별 수요 예측[출전: 서민강 등, 고분자과학과 기술, 21(2), 2010].

- 대체에너지 · 클린에너지 분야: 압축천연가스(Compressed Natural Gas, CNG) 탱크, 풍력 발전용 블레이드, 원심분리 로터, 플라이 호일
- 고속 운송기기 분야: 선박, 차량(트럭 리어 바디 윙, 플로어, 짐받이, 레이싱카 카울, 드라이브 샤프트)
- 해양개발 · 심해저 유전 채굴 분야: 튜브, 로드, 로프, 해양 구조물
- 우주 · 항공 분야 : 민간 항공기용 1차 구조재, 인공위성 부품, 우주 왕복선, 우주 정거장 등

8-5-2 탄소나노섬유의 제조 및 특성

8-5-2-1 나노섬유

나노섬유(nanofiber)는 섬유기술에 나노기술을 접목해 기존 섬유소재와는 전혀 다른 특이한 기능을 가진 섬유로 굵기가 수십에서 수백 nm(10억분의 1m)에 불과한 초극세사를 말한다. 물질이 나노크기로 섬유화되면 상대적으로 비표면적이 커지는데 여기에 세공이 도입되면 세공으로 인해 흡착특성이 극대화된다. 또한 비표면적이 크기 때문에 표면에 촉매를 올리는 촉매 지지체로 활용하면 효율이 극대화된다. 나노섬유는 만드는 과정이나 전구체 물질에 따라 기본 구조가 달라지고 물성이 달라지기 때문에 그 용도도 달라진다.

나노섬유의 세공크기는 섬유의 전기방사조건에 따라 조절될 수 있으며 극 마이크로 세공(ultra micropore)일 경우는 기체 저장능력이 커진다. 여기서는 주로 탄소섬유 전구체를 전기방사하고 안정화 탄화과정을 통해 제조된 탄소나노섬유(carbon nanofiber, CNFs)와 촉매를 이용하여 제조된 기상성장 탄소나노섬유(vapour grown CNFs, VGCNFs)의 물성과 응용에 대해 다룬다.

그림 8-20
탄소섬유의 직경대비 표면적[출전: 양갑승 등, 고분자과학과 기술, 21(2), 2010].

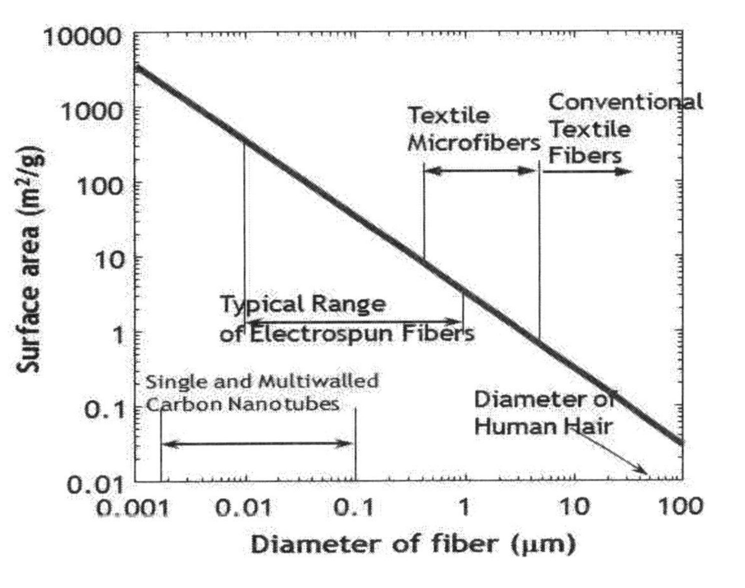

8-5-2-2 *전기방사 탄소나노섬유*

(1) 전기방사의 원리

전기방사(electrospinning)는 고분자 용액이나 용융물에 높은 전압을 인가하여 고분자 체인간 형성된 정전기적인 반발력과 음극(−)과 양극(+) 사이에 발생하는 전기장을 이용하여 섬유상 구조를 얻는 방법이다. 전기방사는 기본적으로 용액 방사(solution spinning) 방법으로, 고분자 용액이나 용융물에 고전압을 가해 마이너스(−)극이나 접지(earth)로 대전된 표면에 스프레이(spray) 되는 과정에서 용매가 휘발되면서 집전판(collector)에 섬유상 물질이 형성되는 방법이다. 일반적으로 전기방사에 영향을 미치는 인자로는 고분자의 종류, 분자량, 분자의 구조, 용액의 농도, 용매의 종류, 인가전압, 표면장력과 전도도, 노즐과 집전체와의 거리, 노즐의 내경, 컬렉터의 모양과 재질, 용액의 공급속도 및 온도나 습도, 기압 등의 방사환경 등을 들 수 있다.

현재까지 약 100여 종류의 천연 및 합성 고분자가 전기방사에 의해 섬유화가 진행되는 것으로 알려져 있으며, 유기 고분자를 지지체로 사용하여 무기 나노섬유를 제조하는 방법 등도 다양하게 소개되고 있다. 고분자의 분자량이 충분히 높고 젯이 컬렉터에 도착하기 전에 용매가 완전히 증발될 수 있다면 어느 고분자라도 전기방사가 가능하다. 그러나 고분자가 아니더라도, 졸-겔 화학을 이용하여 실리카 또는 알루미나 같은 무기물도 나노섬유로 제조할 수 있다. PAN은 탄소나노섬유의 전구체인 바, 다중벽 탄소나노튜브와 복합화하여 나노섬유를 만들면 훌륭한 전기전도도를 갖게 할 수 있으며 물성도 향상된다.

다음 그림에 전기방사 장치의 간단한 모식도를 나타내었다.

그림 8-21
전기방사 장치의 구조[출전: KISTI 글로벌동향브리핑(GTB)].

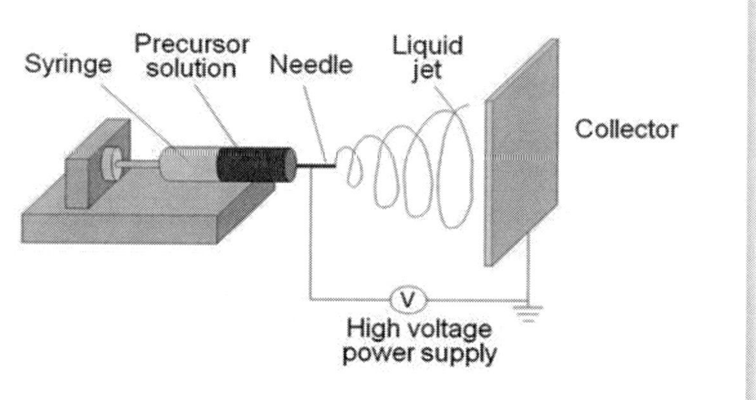

고분자 용액은 실린더의 노즐 끝에서, 표면장력 때문에 반구형의 방울 형태(액적)로 매달려 있다가 전기장을 부여하면 표면장력과 반대되는 힘이 발생하여 반구형 방울은 원추형 모양으로 늘어나게 된다. 전압이 증가하면서 코로나 방전에 도달하면 하전된 고분자 용액의 젯(jet)이 끝 정점부터 분사되어 나가는데 이것을 Tailor cone이라 하고, 그 원뿔의 형상 다음에도 계속해서 유체는 더 가늘

어지는데 이런 상태를 정전유체 원추분사(electrohydrodynamic cone-jet)라 한다. 고분자 용액의 젯이 집속장치에 도달하기 전에 그 유체의 불안정성은 증가하며, 그 불안정성이 고분자 전하를 띤 고체섬유 형태로 집속장치에 집속된다. 단위 전극간 거리로 환산된 Tailor cone이 형성될 수 있는 코로나 방전이 일어나는 조건은 대략 정전분사의 경우 6~8kV/cm, 전기방사의 경우 1~2 kV/cm로 알려져 있으나, 노즐과 전극간 거리, Taylor cone이나 코로나 방전 간에는 일정한 경향은 없는 것으로 사료된다.

고분자 용액의 젯은 점도가 높으면 붕괴되지 않고 접지된 집전판을 향하여 공기 중을 날아가면서 용매는 모두 증발하게 되고, 집전판에는 하전된 연속상의 고분자 섬유가 쌓이게 된다. 이 젯은 이동 중에 정전기장의 반발력에 의해 표면적이 증가하는 힘으로 나타나게 되어 결과적으로 섬유의 직경이 작아져 나노(nano) 크기까지 작아진다. 이것이 전기방사의 원리이다. 여기서 방적돌기와 집전판은 약 10~15cm 떨어져 있고 보통 약 30kV의 정전기장이 걸려 있다. 점도가 낮은 경우에는 표면장력 때문에 젯은 미세방울로 붕괴된다. 미세방울은 전하밀도가 증가하면, 더 작은 방울로 폭발해버린다. 이 상태가 전기분무(electrospraying)이다. 미세방울로 쉽게 붕괴되지는 않지만 서로 분리되어 알갱이가 줄에 달린 형상을 형성하는 것이 비딩이다. 전하밀도가 아주 높아 젯 흐름이 분기되어 더 작은 여러 필라멘트로 분열되는 것이 스플레이(splaying)이다.

나노섬유 필라멘트의 직경과 형상에 영향을 주는 물성인자 및 공정변수는 다음과 같다.

- 물성인자: 성분의 화학조성, 고분자 분자량, 분자량 분포, 용액 점도, 표면장력, 용매 물성, 농도, 전하밀도, 용액 전도도
- 공정변수: 전극 형상, 전극 재료, 전기장 강도, 전극 접지 거리, 용액 증발속도, 용액 유속

(2) 전기방사 탄소나노섬유의 구조 및 물리적 특성

전기방사 나노섬유의 전형적인 물성은 급격한 전기방사 공정 중에

서 받은 강한 전단력과 작은 섬유직경에 기인한다. 방사 중에 작용한 큰 연신율(spin draw ratio, SDR)은 분자배향을 좋게 해준다. 그렇지만 결정도와 유리전이온도는 벌크 상태에서보다 낮다. 분자배향이 좋은데 비하여 인장강도는 그리 높지 않은데 이는 나노섬유 중에 존재하는 미세기공 때문이다.

전기방사 섬유는 기존의 상용화된 탄소섬유를 제조하는 공정과는 달리 섬유를 인장상태에서 안정화 탄화할 수 없기 때문에 구성분자의 배향을 통한 기계적 특성의 발현이 어려운 상태에 있다. 따라서 미세구조는 피브릴(fibrill)이 아니라 라멜라(lamella) 구조로부터 발현된 결정구조를 하고 있다. 그러나 전구체가 경직성을 갖는 polyimide일 경우의 결정구조는 배향도가 향상된 구조임을 알 수 있다.

탄소섬유 전구체 피치는 그 분자가 대부분 방향족으로 이루어져 있고 판상구조를 하고 있어 그 자체로 쉽게 탄화되고 또한 탄화 후에 높은 결정성을 나타내지만 분자의 구조 및 크기가 다양하여 탄소섬유로 제조했을 때의 인장탄성률은 큰 반면에 인장강도는 PAN 전구체에 비해 낮다. 피치의 전기방사성이 PAN이나 다른 고분자 섬유에 비해 저조하기 때문에 일반 전기방사 섬유에 비해 섬유의 굵기가 큰 편이지만 용융 방사 섬유에 비하면 2−3μm로 작은 편이다.

전기방사를 통해 제조된 탄소섬유는 나노크기의 직경을 가지며 이를 활성화하면 비표면적을 크게 할 수 있고 전기방사 과정에서 용제의 증발을 통해 생성된 초극세공(< 0.7nm)이 산화성 기체의 활성화 시발점이 되어 다양한 크기의 다공성 나노섬유 제조가 가능하다. 전구체의 산화특성에 따라 비표면적이 다양하며 세공의 크기도 달라진다. 연소제거(burn-off)가 가장 낮으면서도 비표면적이 큰 것은 피치로부터 제조된 전기방사 탄소섬유이며 세공의 평균 직경이 2.1nm로 크고 비표면적이 2,000m^2/g 이상이면서 우수한 전기전도성을 나타내어 이온 흡착을 통한 에너지 저장에 우수한 특성을

나타낼 것으로 예상된다.

전기방사에 의한 나노섬유는 종종 다음과 같은 모양, 단면 및 배향이 나타난다.

- 전하밀도, 표면장력, 점탄성의 상호작용으로 비딩현상을 일으켜 알갱이가 달린 나노섬유가 생긴다.
- 방적돌기는 원형임에도 2차원의 리본 모양의 나노섬유가 생긴다.
- 방적돌기를 동축으로 하여 서로 다른 용액을 전기방사하여 동축 나노섬유를 만들고, 심 부분을 녹여내면 중공 나노섬유 또는 중공 나노캡슐이 된다.
- 집전판 모양과 작동 방식을 변화시키면 원하는 배향성을 갖는 나노섬유를 만들 수 있다.

(3) 전기방사 탄소나노섬유의 응용분야

- 나노섬유가 보강된 복합재료: 섬유로 보강된 복합재료는 강도를 향상시키는데 가장 효율적인 방법 중 하나로서, 나노섬유의 높은 면적 대 부피 비는 메트릭스 물질과의 상호작용을 증가시키기 때문에 일반적인 섬유들보다 보강효과가 크다. 탄소나노튜브를 고분자와 적절히 혼합하여 고강도의 실을 뽑아낼 수도 있다. 그러면 지금의 탄소섬유보다 훨씬 높은 강도를 가진 탄소나노튜브 섬유를 만들 수 있다. 이 복합체는 강도 및 연성이 좋아 비행기의 동체에 사용할 수 있다. 현재 미국의 나사 등에서 이에 관한 연구를 진행하고 있다.
- 생의학적 응용: 전기방사된 나노섬유는 그 독특한 구조로 인해서 생체조직공학에 관한 연구가 활발하게 진행되고 있다. 조직 성장을 위한 천연 골격은 다양한 단백질로부터 만들어진 나노미터 크기 섬유들의 3차원적 구조를 가지고 있는데, 전기방사된 나노섬유가 조직공학에 적용되기 위해서는 조직과 유사한 화학적 조성, 형상, 표면 작용기들을 가져야 한다. 전기방사된 나노섬유 부직포는 3차원적 다공성 구조로 매우

큰 표면적을 가지고 있기 때문에 조직공학에서 필요로 하는 천연의 세포외기질을 모방하는 이상적인 물질이 될 수 있다. 이로 인해 생체조직 공학 분야에서는 전기방사된 생체고분자와 생분해성 고분자 부직포를 골격으로 사용하려는 연구가 시도되고 있다. 나노 섬유는 인공혈관이나 봉합사, 인공심장 같은 수술에 이용되는데, 생분해성 봉합사나 인공신장용 여과막 등은 상용화되어 있고, 향후 생체조직과 흡사하게 만든 인공단백질로 나노섬유를 만들어 인조피부나 인공혈관 · 인공신장 투석망 등의 첨단 의료용품 분야에서도 응용이 가능하다.

- 생효소 및 촉매 지지체: 나노섬유는 넓은 표면적과 다양한 기능성기의 부여가 용이하기 때문에 효소 및 촉매 지지체의 사용에 대한 관심이 고조되고 있다. 효소 고정화 나노섬유는 수용액 및 유기 용매에서 높은 활성을 나타내며, 가용화되거나 나노입자에 삽입된 효소들과는 달리 반응계 내에서 쉽게 회수될 수 있는 장점을 가지고 있다.
- 센서: 전기방사된 나노섬유는 넓은 표면적으로 인하여 반응물이 각각의 나노섬유에 위치한 반응 사이트로 비교적 쉽게 이동할 수 있기 때문에 기존의 박막 형태 센서에 비해 100~1,000배 정도 더 높은 효율을 가진다고 보고되었다. 폴리아닐린으로 제조된 가스센서용 나노섬유는 섬유의 직경과 감응시간과의 관계에서 필름기반의 폴리아닐린 센서에 비해 감도가 크게 향상되었다. 이러한 결과들은 전기방사된 나노섬유와 그들의 조립체들이 센싱 기술에서의 핵심적인 요소가 될 것이라는 가능성을 제시하였다.
- 전극물질: 전기방사된 나노섬유로 만들어진 다공성 멤브레인은 PVDF 겔로 만들어진 고분자 필름보다도 고분자전극을 고정하는 좋은 매트릭스가 되며, 이온전도도를 향상시킨다는 연구 결과로부터 고성능 리튬전지에 사용 가능성을 제

시하였다. 전기방사는 고분자 용액에 다른 특성을 갖는 물질을 복합하여 다양한 특성을 이용하기 위한 응용 분야가 개발되었다. 예를 들면, 실리콘 나노입자를 PAN과 복합 방사하여 탄화한 후에 Li 이온전지의 용량을 증가시키거나 촉매를 복합하여 촉매의 접착특성을 향상시키고, PAN/Pitch를 복합하여 세공의 크기 제어와 전기전도도 향상을 위한 연구 등이 수행되었다. 전기방사에 의해 제조된 다공성 탄소나노섬유(porous carbon nanofiber)는 빠른 충전/방전, 리튬 이온과 전자 확산을 위한 짧은 거리를 제공할 뿐만 아니라 리튬이온 삽입으로 수반되는 부피 변화를 조절할 수 있는 추가된 기공 공간을 제공한다. 그러나 탄소섬유 전극은 고온에서 산화에 취약하므로 탄소섬유에 실리콘을 함침시키면 산화에 강하고 다공성이어서 고용량 축전지 제조가 가능하게 되었다. 이 연구는 전남대학교 공과대학 응용화학공학부 양갑승 교수팀과 전남대학교 화학과 우희권 교수팀이 수년간 연구 협력하여 성공적으로 이루어냈다.

- 전자 및 광학소자: 반도체 또는 금속 나노와이어처럼 전기적 및 전기광학적 활성을 가지는 나노섬유 또한 최근 몇 년간 많은 흥미를 끌고 있는데, 이는 나노섬유가 나노전자 및 전기-광학적 소자들을 제조하는데 있어서 잠재적인 응용 가능성을 가지고 있기 때문이다. MacDiarmid 등은 15nm 이하의 직경을 가지는 섬유의 경우에는 전기적으로 절연성을 나타내지만, 한쪽 끝이 다른 쪽 끝보다 가는 비대칭의 섬유에서는 I-V 커브가 변하는 특성을 관찰하였다. 또한 탄소나노섬유를 사용하여 FED(Field Emission Transistor)의 제조도 가능하다고 보고하였다. 일축 배향된 나노섬유로부터 산란된 빛의 강도가 빛의 편광 방향에 의존한다는 것을 확인하고, 저가의 광학 편광자로서의 사용 가능성을 제시함으로써 나노섬유를 이용한 나노광학소자의 응용도 기대된다.

- 템플레이트로서의 나노섬유: 다른 1차원의 나노구조들과 같이 전기방사된 나노섬유들은 나노튜브를 만들기 위한 주형으로 사용될 수 있다. 고분자, 금속, 세라믹들은 선택적인 제거가 가능한 물질들로 전기방사된 나노섬유를 이용해 코팅함으로써 나노튜브의 제조가 가능하다. 최근 Czaplewski 등은 전기방사된 섬유들이 나노유체 채널로 만들기 위한 주형으로 사용 가능하다는 연구 결과를 발표했다. PC로 만들어진 나노섬유를 기판에 증착한 후, 여기에 실리카나 알루미나를 코팅하고 열처리를 통하여 PC를 선택적으로 제거하면 나노유체 채널을 얻을 수 있다.

8-5-2-3 기상성장 탄소나노섬유

(1) 기상성장 원리

기상성장 탄소나노섬유(vapour grown carbon nanofibers, VGCNFs)는 흑연구조의 벽으로 형성된 길이/직경의 비가 100 이상인 나노크기의 실린더이다. 이러한 나노섬유는 촉매 표면에 탄화수소 기체가 접촉하여 탄소만 응축되어 있다. 기상성장 탄소나노섬유의 성장 메커니즘에는 촉매가 부유된 상태에서 섬유를 성장시키는 floating reactant 메커니즘, 촉매입자를 tip에서 기상성장시키는 tip growth 메커니즘, 촉매가 뿌리가 되어 기상성장시키는 root growth 메커니즘이 있다. 이렇게 성장된 나노섬유는 중공이 비어 있는 다중벽 탄소나노튜브 형태를 하고 있다.

(2) 기상성장 탄소나노섬유의 구조 및 물리적 특성

기상성장 탄소나노섬유는 전이금속을 이용하여 벤젠이나 메탄 등의 탄화수소 물질을 1,000~1,300°C에서 분해하여 탄소를 침착시키는 방법으로 제조한다. 이렇게 성장한 섬유는 흑연 면이 섬유축과 평행하게 동심원 모양으로 배향하게 되며 그러한 구조 때문에 기계적 · 열적 특성과 전기전도성이 우수하고 쉽게 흑연화되는 특성을 보인다.

페로센(ferrocene) 등의 유기금속 화합물을 열분해로부터 얻은 촉매입자와 탄화수소 혼합물을 3차원적으로 반응기에 분사하면 낮은 비용으로 직경 0.2 μm, 길이 10~20 μm인 일정한 기상성장 탄소나노섬유를 얻는다. 이렇게 얻어진 나노섬유는 직경이 0.1~0.2 μm로 작고 분포가 좁으며 직경이 10~20 μm인 일반적인 기상성장 탄소나노섬유와 구조적으로 비슷하여 내부에는 동심원 흑연면이 충전되고, 외부에는 pyrolytic 탄소가 충전된 상태이다.

전기전도도는 전극이나 전기화학의 활성물질 혹은 지지체의 중요한 요소이다. 단자법으로 측정된 탄화된 기상성장 탄소나노섬유의 비저항은 1×10^{-3} Ω·cm이고 흑연화 섬유의 비저항은 1×10^{-4} Ω·cm으로 측정되는데 이는 전통적인 탄소섬유의 전기전도도보다 높은 값이다.

기상성장 탄소나노섬유를 전극의 도전제로 사용하기 위해서는 기계적 강도가 중요하며 기계적 물성이 배터리 전극의 성능을 좌우한다. 탄소 또는 흑연화 기상성장 탄소나노섬유의 물성은 기존의 등방성 피치계 탄소섬유보다 인장강도나 인장탄성률이 크며 배터리 전극의 충전제로 사용하기에 적합하다.

(3) 기상성장 탄소나노섬유의 응용분야

- 납축전지 충전제: 흑연화된 기상성장 탄소나노섬유를 양극에 첨가하면 전극저항이 감소하며, 부극에 0.5~1.5 wt%를 첨가하면 사이클 특성이 크게 증가한다.
- Li 이온전지의 부극 첨가물: Li 이온전지의 부극물질에 흑연화된 기상성장 탄소나노섬유를 첨가하면 사이클 효율이 더 잘 유지되며, 납축전지나 Li 이온전지의 전극 충전제로서 상용화가 진행되고 있다.
- 강화 복합재료의 보강재: 금속복합재료 강화물질은 금속재의 두께를 줄이거나 경량 물질을 사용하여 우수한 기계적 강도를 얻을 수 있다.

8-5-3 탄소복합섬유

8-5-3-1 PAN/CNT 복합섬유

탄소나노튜브(carbon nanotube, CNT)는 전기 및 열전도성이 우수하고 기계적 강도가 매우 뛰어나 기능성 충전제로서뿐만 아니라 향후 고강도 보강재로의 활용 가능성이 크기 때문에 탄소나노튜브 기반 복합재료의 연구에 대한 관심이 고조되고 있다. 고분자복합재의 영역에서도 탄소나노튜브를 이용하여 다양한 고분자/탄소나노튜브 복합재를 제조하려는 연구가 활발히 진행되고 있으며, 특히 PAN 고분자는 탄소나노튜브와 좋은 상호작용을 보여주고 있는 것으로 알려져 있다. H. G. Chae 등은 탄소나노튜브가 복합섬유에 미치는 영향을 조사하기 위하여 용액 방사법으로 PAN/CNT 복합섬유를 제조하여, PAN 섬유와 PAN/CNT 복합섬유의 물리적 특성 분석결과를 표 8-1에 나타내었다.

표 8-1에 나타낸 바와 같이 모든 PAN/CNT 복합섬유의 물성은

	PAN	PAN/SWNT	PAN/DWNT	PAN/MWNT
Modulus(GPa)	7.8±0.3	13.6±0.5	9.7±0.5	10.8±0.4
Strength(MPa)	244±12	335±9	316±15	412±23
Strain to Failure(%)	5.5±0.5	9.4±0.3	9.1±0.7	11.4±1.2
Work of Rupture(MPa)	8.5±1.3	20.4±0.8	17.8±1.7	28.3±3.3
Shrinkage(%, at 160℃)	13.5	6.5	11.5	8.0
T_g^a(℃)	100	109	105	103
f_{PAN}	0.52	0.62	0.53	0.60
f_{CNT}	–	0.98	0.88	0.91
Crystal Size (nm)	3.7	50	4.1	5.0
Crystallinity (%)	58	54	57	55

표 8-1
PAN 섬유 및 PAN/CNT 복합섬유의 물리적 특성[출전: H. G. Chae, et al., Polymer, 46, 2005].

탄소나노튜브를 포함하지 않은 PAN 섬유의 물성에 비해 우수하였다. SWNT를 함유한 섬유는 가장 높은 탄성률의 증가와 열수축의 감소를 보여준 반면 MWNT를 함유한 섬유는 인장강도와 파단신율이 가장 크게 증가하였다. 일반적인 탄소섬유 및 유리섬유 보강의 복합재료는 탄성률과 강도의 증가를 보이는 한편 파단신율은 감소하는 것으로 알려져 있다. 그러나 위의 표를 통하여 탄소나노튜브를 포함하고 있는 복합섬유는 모든 기계적 물성이 향상되는 것을 확인할 수 있다.

연신된 PAN 섬유는 유리전이온도 이상에서 무정형 영역의 이완으로 인해 수축거동을 보이게 된다. 탄소나노튜브 복합섬유의 경우에는 고분자와 나노튜브의 상호작용으로 인해 열수축 성능이 향상되었다. 이러한 열수축 성능은 탄소섬유 제조과정에서 PAN 고분자의 배향도를 유지할 수 있는 중요한 인자로 고려될 수 있다.

섬유 구조분석 결과 모든 종류의 탄소나노튜브 복합섬유에서 고분자 배향이 향상되었는데 특히, SWNT인 경우 배향이 가장 향상되었다. 일반적으로 높은 배향도를 가진 섬유는 열수축이 크고 배향되지 않은 섬유에서는 엔트로피 수축이 일어나지 않는다. 탄소나노튜브를 포함하는 PAN/CNT 섬유가 탄소나노튜브를 포함하지 않는 PAN 섬유보다 더 높은 배향을 보여주고 있는 것을 고려할 때 PAN 고분자와 탄소나노튜브간의 상호작용이 상당히 강하다는 것을 추정할 수 있다.

8-5-3-2 Pitch/CNT 복합섬유

현재 생산되는 탄소섬유의 90%가 PAN계이며 연구의 주류를 이루고 있으므로, 탄소나노튜브를 함유한 피치계 복합섬유의 연구는 PAN계 복합섬유의 연구에 비하여 많이 보고되지 않고 있다.

Rao 연구팀은 등방성 피치와 단일벽 탄소나노튜브를 혼합한 후 용융 방사, 안정화 및 탄화 공정을 거쳐 탄소섬유를 제조하였다. 단일벽 탄소나노튜브는 1~10% 무게비로 충진되었고 1,100℃에서 탄화되었다. 등방성 피치를 이용한 탄소섬유는 인장강도 및 탄성률이 이방성 피치계 탄소섬유에 비하여 매우 낮은 것으로 알려져 있다. 순수한 등방성 피치 탄소섬유의 경우 인장강도가 480MPa 정도였으나 단일벽 탄소나노튜브가 1wt% 함유된 탄소섬유는 600MPa, 5 wt% 함유된 경우에는 800MPa로 향상되었다. 탄성률도 순수한 등방성 피치 탄소섬유의 경우 34GPa로 낮은 값을 보였으나 단일벽 탄소나노튜브가 5wt% 함유된 탄소섬유는 78GPa로 두 배 이상의 증가를 볼 수 있었다. 이를 통하여 단일벽 탄소나노튜브가 등방성 피치 탄소섬유의 기계적 물성 향상에 큰 영향을 미친다는 것을 알 수 있었다. 또한 단일벽 탄소나노튜브는 높은 전기전도도를 가지고 있으므로, 다양한 종류의 매트릭스와 복합화시 복합재료의 전기전도도를 높이는 결과를 나타내었다.

Ogale 연구팀은 이방성 피치에 다중벽 탄소나노튜브를 첨가하여 탄소복합섬유를 만들고 다중벽 탄소나노튜브가 탄소섬유의 미세구조에 미치는 영향을 조사하였다. 다중벽 탄소나노튜브가 혼합되지 않은 이방성 피치 탄소섬유의 단면적은 다음 그림에서와 같이 radial 구조를 나타내었으나, 다중벽 탄소나노튜브가 0.1wt% 함유된 탄소섬유는 radial 구조가 관찰되지 않고 random 구조가 관찰되었다. Radial 구조는 용융 방사에서 생긴 배향과 고온의 탄화과정 중에 일어나는 이방성적 수축현상에 의해 생성된다고 보고되고 있

그림 8-22

이방성 피치(Mesophase Pitch) 복합섬유의 SEM 사진[출전: T. Cho, et al., Carbon, 41, 2003].

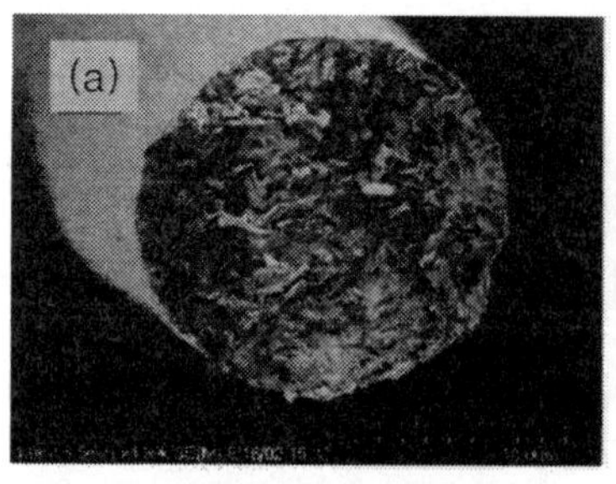

(a) 0.1wt% MWNT/Pitch 탄소섬유

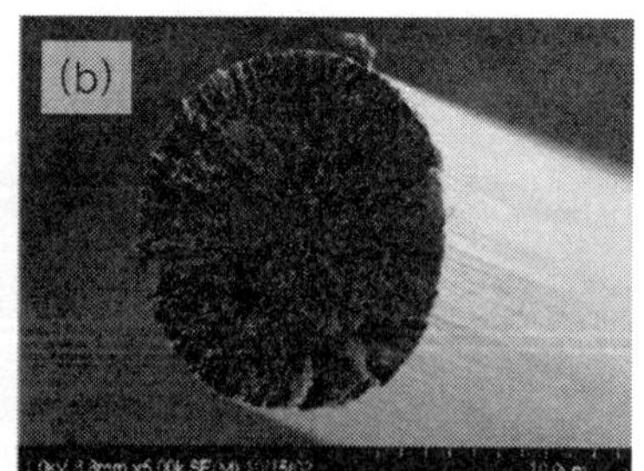

(b) Pitch 탄소섬유

다. 이것은 방사조건에 따라 구조가 변화될 수 있으며, 극소량의 다중벽 탄소나노튜브의 함유로 피치 구조를 변화시킬 수 있음을 실험적으로 확인한 결과이다. 이러한 구조 변화는 궁극적으로 탄소섬유의 기계적 물성에 영향을 미칠 것이다.

8-5-3-3 *탄소나노튜브 복합섬유의 응용분야*

- 탄소나노튜브 복합섬유의 우수한 전기적 성질은 슈퍼커패시터와 액추에이터에 이용될 수 있다. 또한 탄소나노튜브 복합섬유를 직물로 제조하면 두 직물 사이의 거리 변화에 따른 정전용량 변화를 이용하는 센서, 또는 탄소 나노튜브 복합섬유 직물에 접촉하였을 때 전기신호의 변화를 이용하는 센서에 활용할 수 있다. 그리고 탄소나노튜브 복합섬유를 의류에 삽입하여 의류 내에서 전기적 신호를 이용하는 스마트의류(smart clothes)에도 많이 활용될 것으로 기대된다.
- 미국 텍사스대학의 Baughman 교수는 탄소나노튜브 복합섬유를 다음과 같은 용도에 응용할 수 있을 것으로 전망하였다.
  - 전기에너지를 저장할 수 있고 각종 전기장치의 전원 공급에 사용될 수 있는 섬유로 짠 의류.
  - 근육보다 100배 더 큰 힘을 낼 수 있는 인공근육.
  - 응급상황에서 초기 조치자의 움직임과 건강을 모니터할 수 있는 섬유센서.
  - 오랜 기간 비행하는 우주선의 전원용 섬유.
  - 현재의 방탄복보다 훨씬 더 효과적인 차세대 방탄복.
  - 초소형 비행체에 사용되는 다기능 섬유.

8-5-3-4 *탄소나노튜브 복합섬유 전극의 미생물연료전지*

미생물연료전지(microbial fuel cell, MFC)는 유기물에 함유된 화학에너지를 미생물의 촉매작용에 의해 전기에너지로 직접 전환시키는 생물전기화학 장치로서 오염물질의 처리와 동시에 전기를 생산하며, 부가적인 2차 오염물질이 생성되지 않는다는 점에서 매우 혁신적인 기술이다. 미생물연료전지의 구조는 산화극(anode)과 환원극(cathode), 그리고 두 반응조 사이의 양이온 교환막(proton exchange membrane, PEM)으로 구성된다. 미생물연료전지는 박테리아가 폐수와 같은 물질들로부터 화합물들을 산화시킴으로써 수소 또는 전자를 생산하고 양극-음극 시스템을 통해서 전기를 발생시킨다는 기초 개념으로 작동한다. 작동원리는 혐기성 조건의 산화극에서 미생물에 의해 유기물이 산화되어 전자와 수소이온을 생산하고, 전자는 외부도선을 통해 환원극으로 이동된다. 그리고, 수소이온은 양이온 교환막을 통하여 환원극으로 이동하여 산소와 반응하여 물을 생성하게 된다. 이때 외부도선을 통해 흐르는 전자에 의해 전류가 생산된다.

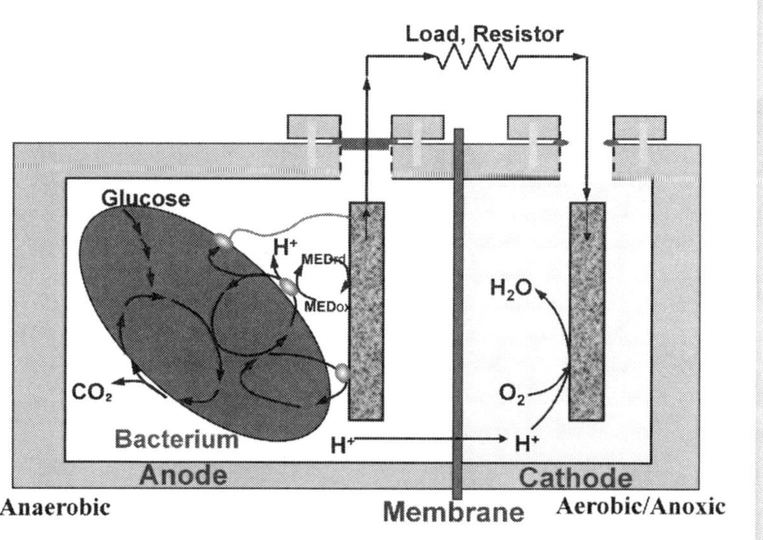

그림 8-23
미생물연료전지의 구조.

실용화 미생물연료전지에는 대규모 전력생산의 어려움, 낮은 효율, 새로운 미생물 개체군의 발견, 생물공정 등의 해결해야 할 과제들이 아직 많이 있다. 그 중에서도 최우선으로 해결해야 하는 과제는 에너지 변환 효율의 증대인데, 미생물연료전지의 전극시스템에서 전자 전이가 원활하게 이루어지지 않아 이에 대한 개선이 필수적이다. 탄소섬유는 비표면적이 크고 구조가 균일하며 기공의 크기 분포가 좁아 낮은 에너지 변화에도 빠른 선택적 흡탈착을 보이는 특성을 가지고 있다. 따라서 세공분포가 제어된 활성탄소섬유를 커패시터의 전극활성물질로 사용함으로써 고밀도의 전하를 전기 이중층 내에 축적할 수 있다. 특히 탄소나노튜브나 피치의 금속산화물로 제조한 탄소복합섬유는 전기전도도가 큰 하이브리드 전극소재로 활용할 수 있다.

미국 펜실베이니아 연구팀은 미생물연료전지에 사용될 수 있는 높은 표면적의 탄소섬유 양극을 개발하여 전기의 대량생산을 위한 하나의 실마리를 발표하였으며, 스페인의 연구팀은 전극 표면에 박테리아들을 밀집시켜 성장시킬 수 있는 새로운 방안을 고안하였다. 이들의 연구는 박테리아 셀을 지탱할 수 있는 탄소나노튜브 골격(carbon nanotube scaffold)들을 미생물연료전지에서 전극으로 사용하는 것이다. 스페인의 마드리드 재료과학연구소(Madrid institute of materials science, ICMM-CSIC)의 프란시스코 델 몬트(Francisco del Monte) 연구팀은 박테리아가 성장할 수 있는 마이크로 채널구조 (micro- channel structure)의 다중벽 탄소나노튜브 골격에 대한 연구를 진행 중이다. 몬트는 탄소나노튜브들에 고정화시킨 단백질들과 효소들이 메탄올 연료전지들 내의 바이오센서들로서 이용되며 미생물 셀의 성장을 위해서 탄소나노튜브들이 적당한 지지체가 된다면 미생물연료전지들의 전극으로도 사용할 수 있을 것이라고 제안하였다. 최근 국내의 한 연구팀은 PAN/CNT 복합섬유 지지체에 백금-루테늄(Pt-Ru) 등의 합금화합물을 넣은 전극촉매를 미생물연료전지에 적용하여 전력밀도 향상기술에 대한 연구를 진행 중이다.

탄소나노튜브가 함유된 탄소복합섬유의 경우 고전도도(high conductivity)의 탄소나노튜브가 전극 반응에서 생성된 수소이온을 빠르게 이동시킬 수 있는 전자전도 통로의 역할을 하는 것으로 알려져 있다. 직경이 약 200~300nm인 PAN계 탄소섬유는 전자채널을 형성하는 동시에 반응물과 생성물의 이동통로 역할 및 전해질 용액의 함침에 기인하여 촉매활성(catalyst activity)을 크게 할 것으로 기대된다. 이러한 연구 결과는 실용화 미생물연료전지의 개발에 진일보하는 계기를 마련하였다. 폐수 등과 같은 환경 오염물질을 생물학적으로 처리함과 동시에 전력을 생산할 수 있는 미생물연료전지는 큰 관심을 받고 있으며, 최근에 이루어진 탄소복합섬유 전극소재 및 박테리아의 밀집군 형성 등의 전력생산량을 증가시키는 기술의 개발은 미생물연료전지의 상용화를 더욱 앞당기게 될 것이다.

MAIN GROUP ELEMENT INORGANIC POLYMER

기타 주족 원소 무기 고분자

MAIN GROUP ELEMENT INORGANIC POLYMER

제 9 장 기타 주족 원소 무기 고분자

9-1 금속 탄산염 고분자

대부분의 +2가 금속 탄산염들은 극성이 매우 큰 물뿐만 아니라 아세톤, 암모니아에도 녹지 않을 정도로 용해도가 매우 낮아서 침전되어 결정으로 석출된다. 예로, 마그네슘 탄산염($MgCO_3$)은 독성이 없는 이온성의 백색 결정으로서 Mg^{2+} 양이온에 CO_3^{2-} 음이온이 수용액에서 만나 배위되어 이온 결합 결정의 격자 형태로 형성된다. Mg^{2+} 양이온 주위에 6개 산소 원자가 배위된다. 무수물인 탄산마그네슘은 마그네사이트(Magnesite)라고 부르며, 결정수가 2, 3, 5개가 붙은 바링토나이트(Barringtonite, $MgCO_3 \cdot 2H_2O$, 삼사정계), 네스크호나이트(Nesquehonite, $MgCO_3 \cdot 3H_2O$, 단사정계), 란스포다이트(Lansfordite, $MgCO_3 \cdot 5H_2O$)로도 존재한다.

무정형(비결정) 탄산마그네슘은 산화마그네슘(MgO)의 메탄올 서스펜션에 이산화탄소 분위기 하에서 반응시킨 후에 걸러서 온도를 70°C로 올려주면 무정형의 플라스틱 형태의 탄산마그네슘 고분자가 생성된다. 아마도 이 고분자는 [Mg—O—C(=O)—O]$_x$ 형태의 선상고분자가 70°C 가열 조건에서 주사슬 일부분이 가교된 다공성 스폰지 형태(기공이 6nm 정도로 작다)를 이루는 것으로 추측된다. 이 무정형 탄산마그네슘은 제올라이트보다 1.5배 더 물을 빨아들이며 표면적도 ~800 m^2g^{-1}로 크다.

이 연구는 최근에 스웨덴 웁살라대학교 연구진에 의해 세계 최초로 제조되었다. (PLOS ONE, 8(7), 2013)

그림 9-1
무정형 탄산마그네슘 고분자의 SEM 사진.

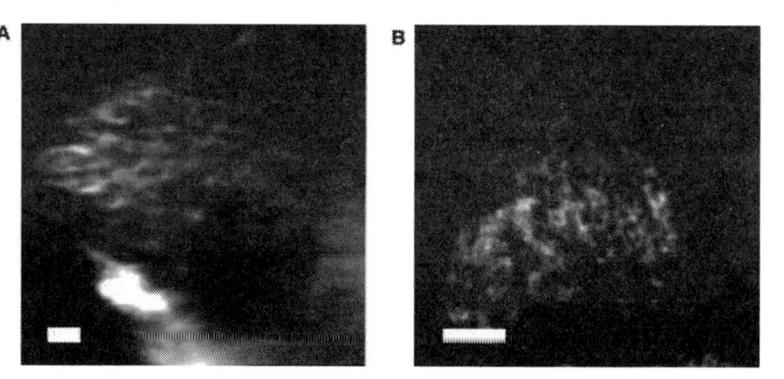

9-2 Ge-132 고분자

최근 이상돈 PD의 "논리로 풀다" 프로그램의 게르마늄 편 방송으로 일약 유명하게 된 것이 게르마늄이다. 게르마늄은 온천수와 식물체에 미량(ppb~ppm)으로 존재한다. 특히 Ge-132는 $[(GeCH_2CH_2COOH)_2O_3]_n$ 화학식을 가지는 고분자로서 bis(2-carboxyethylgermanium)sesquioxide로도 불린다. 이것은 가교된 폴리저목세인(cross-linked polygermoxane)의 한 형태이다. 현재 전 세계적으로 정식으론 각국 FDA에 의해 판매가 전면 금지되어 있으나 암암리에 공공연하게 인터넷에서 알약, 비누, 화장품, 생수

형태로 널리 팔린다. 순수 물질은 그 자체로 항암-면역 효과가 매우 뛰어나지만 제조 시 원료의 순도가 높지 않는 경우 불순물(아마도 무기 게르마늄인 이산화 게르마늄 GeO_2)이 섞여 들어가 사람이 사망한 경우가 간간이 있었기 때문이다.

그림 9-2
시판 중인 Ge-132 건강보조제 캡슐.

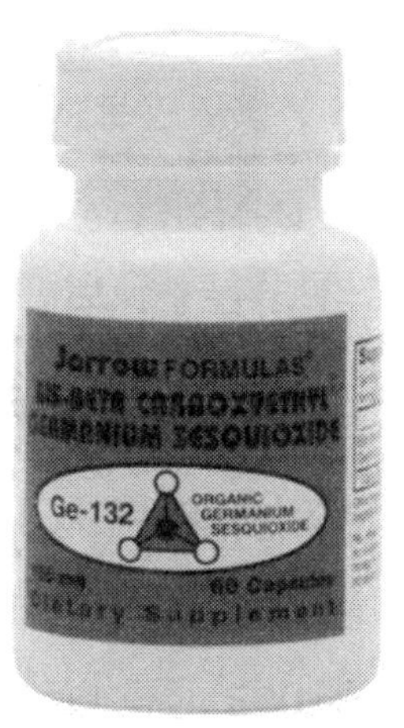

Ge-132는 $RGeO_{1.5}$ 겔(gel) 형태의 소중합체인 세스키(sesqui) 올리고머로서 물에 서서히 녹는다. 제조방법은 GeO_2를 HCl에 녹여 H—$GeCl_3$를 제조한다(이때 GeO_2가 모두 제거되지 못해 불순물로 섞여 들어간다). 다음 H—$GeCl_3$를 아크릴로니트릴(H_2C═CH—C≡N)에 수소화게르마늄 첨가 반응(hydrogermylation)시켜 Cl_3Ge—H_2C—CH_2—C≡N를 생성한다. Cl_3Ge—H_2C—CH_2—C≡N를 황산으로 가수분해하여 $_{1.5}OGe$—H_2C—CH_2—C(═O)OH를 최종적으로 얻는다. Ge-132는 초기에 LD50 = 100mg/kg으로 알려져 있었으나 최근에 와서는 별로 큰 독성이 없는 것으로 판명되었다.

이 Ge-132는 보통 판상형의 백색 결정 분말이지만 우희권 교수 실험실의 이준 박사가 수용액에서 정교한 제어로 자기 조립시켜 나노벨트, 나노와이어 형태로 제조하였다.

그림 9-3
다양한 Ge-132의 나노 구조들의 SEM 사진.

9-3 폴리설퍼

황(sulfur, $_{16}S$)은 6A족 원소로서 산소($_8O$) 바로 아래 위치한다. 고산지역이든 심해지역이든 화산 활동이 활발한 곳에서 많이 발견되며, 그 용도가 다양하다. 한약 재료, 타이어 가황제, 수은 제거제로 사용되며, 생체 내 호르몬과 효소 내 사슬 가교 형태로 존재한다. 황은 보통 상온에서 사방형 구조(rhombic structure)의 왕관 고리형 소중합체인 S_8형태로 존재한다. 이 고리형 황 소중합체는 분말 형태의 노란색 결정 물질로서 녹는점이 113°C이다. 녹는점 이상의 온도로 서서히 가열하면 점성이 작은 주황색 액체 물질로 변한다. 159°C 이상의 온도에서 고리형 소중합체인 S_8이 라디칼 개환중합이 일어나서 선형 고분자 폴리설퍼(폴리황, 황고분자, polysulfur)가 생성되어 점성이 크게 증가한다. 이것에 비닐 모노머를 가해도 공중합체가 생성되지 않는다. 그 이유는 개환된 S_x 라디칼 사슬의 비닐 모노머에 대한 중합 활성이 낮기 때문이다. 그러나 고리 변형스트레스가 큰 고리형 프로필렌 설파이드 (propylene sulfide)와 반응하여 개환 공중합체를 생성한다. 175°C 이상의 온도에서는 선형 황 고분자가 역중합 분해에 의해 소중합체인 S_8으로 되돌아가므로 점성도가 다시 감소한다. 선형 황 고분자를 급격히 −78°C로 냉각시키면 반투명한 노란색의 유리질 물질 (유리전이온도 T_g = −30°C)이 생성된다. −30°C 이하의 온도에서는 유리질 선형고분자로, −30°C ~ −10°C의 온도에서는 고탄성 고분자 물질로, −10°C 이상의 온도에서는 고리형 소중합체인 S_8으로 되돌아가므로 분말 형태로 굳는다.

9-4 폴리포스포러스와 폴리포스페인

인(phosphorus, $_{31}P$)은 같은 원소로 되어 있으나 구조가 다른 동소체를 3개 가진다. 이들은 띠는 색에 따라 백린(흰린, white phosphorous), 적린(붉은인, red phosphorous), 흑린(검정인, black phosphorous)으로 달리 불린다. 이들 모두 인 원자가 고리형 소중합체나 고분자 형태를 가진다. 백린은 4개 인 원자가 서로 연결되어 정사면체 꼭짓점에 놓이는 P_4 형태이다. 이 P_4 분자는 사잇각이 60° 정도이므로 불안정하여 P—P 결합들이 쉽게 끊어지며 산소와 격렬하게 반응하므로 밤하늘에 아름다운 불꽃의 향연을 위해 사용되는 폭죽의 제조에 사용된다. 적린은 P_4 분자들의 2개 꼭짓점들이 서로 연결되어 직선형 고분자(폴리포스포러스, 폴리인, polyphosphorous) 형태를 이루며, 반응성은 백린에 비해 훨씬 작아서 성냥의 제조에 사용된다. 흑린은 백린을 고압에서 가열할 때 생성되며, 정사면체 P_4 분자의 3개 꼭짓점들이 모두 서로 연결되어 판형 고분자 형태를 이루며, 흑연의 구조와 비슷하게 이들 판 사이에는 매우 약한 힘으로 연결되어 있다.

폴리포스페인(polyphosphane)은 폴리포스포러스와는 달리 주사슬이 인 원자들이 단일 결합으로 연결되어 있고 각 인 원자들에 유기 치환기가 하나씩 달려 있으며, 다른 한쪽은 비공유 전자쌍이 있는 흥미로운 구조를 가진다. 이런 종류의 인 고분자는 1997년에 캐나다 McGill대학교 화학과 John F. Harrod 교수와 전남대학교 화학과 우희권 교수가 티타노센 촉매를 사용하여 C_6H_5—PH_2(또는 $PhPH_2$로 표시)를 탈수소 중합하여 폴리(페닐포스페인)$[PhPH]_n$을 얻었다. 이 중합 반응은 5.6절에서 설명한 $PhSiH_3$의 탈수소 중합처럼 소위 "sigma bond metathesis(시그마 결합 교환 반응)"에 의해 진행된다고 생각한다.

맺음말

천연고분자와 산업용 인조고분자의 대비 관계를 떠올리며 전통적 유기 고분자에 대비하여 기능성 무기 고분자를 염두에 두고 주족 원소 무기 고분자를 주제로 원고를 쓰고 나니 무언가 못다 한 이야기가 남은 양 아쉬움이 많이 남는다. 이 적은 분량의 입문서에 전문과학 주제에 관계된 모든 내용을 쉽게 담을 수 없었기 때문이다. 바라건대 이 책이 주족 원소 무기 고분자에 대한 초보적 입문서로서 독자들의 흥미를 느끼게 하는데 조금이라도 보탬이 되었으면 좋겠다.

영겁의 오랜 기간 동안 놀라운 기적과 불가능에 가까운 확률로 인간은 고도로 진화하여왔다. 원시적인 불과 도구의 발견을 넘어 첨단 과학과 기술을 통하여 경이로운 막대한 지식과 기술을 발전시키면서 인간의 생활은 매우 편리해졌다. 과학의 놀라운 발전으로 문명이기가 인간의 한계를 넘어 기억을 뺏고 재생하는 상상력의 세계에까지 침범하여 나날이 새로운 글로벌 기술개벽이 이루어지고 있다. 이제 과학적이지 못한 사람은 진화의 윤회에서 빠져나와 도태가 될 지경에 이르렀다 해도 과언이 아니다. 그럼에도 과학과 기술이 홀대 당하는 것은 아이러니이다. 중고생 어린 학생들이 스마트폰의 마력에 푹 빠져서 과학의 달콤한 열매를 즐기면서도 과학을 멀리하는 것은 우리 과학자의 책임이기도 하다. 아마도 과학이라는 단어가 마치 영화에서 보듯이 우스꽝스런 복장의 과학자가 세상을 뒤집거나 미친 짓하는 사람 정도로 치부되고, 배고프고 고달픈 직업인 정도로 인식되는 현실에서 복잡하고 난해한 것으로 보여지기 때문이리라. 보다 쉽게 이해되고 재미를 유발하는 과학에 대한 입문서가 절실히 요구되는 시대이다.

창조적 융합과학교육을 지향하는 이 시대에서 창조경제를 위해 과학이 차지하는 부분은 날로 커져만 가는데 실제 교육현장에서 얼마나 내실 있게 과학교육이 이루어지고 있는가하는 의문이 들었다. 고교생들이 대학입시를 위한 준비단계에서 입시를 위한 주요 과목들만 집중 교육을 받고 과학과목들이 선택과목이 되어버린 슬픈 현실에서 대학에 진학하여 취업공부에 매달려 카프카의 ≪변신≫에서 보듯이 이공계 학생들이 절름발이 지식인으로서 과학 공부를 어려워하는 것은 어쩌면 당연하다고 하겠다. 대학 상아탑은 경제논리에 의해 지식을 파는 학원이 되고, 교수는 학원 강사 정도로 치부되며, 학생은 교육 소비자로 각인된 상실과 혼돈의 시대를 살아가는 우리 후세에게 보다 근본적인 과학교육에 대한 혁신적 특단의 대책 마련이 필요한 때라고 생각하면서 이 글을 마친다.

참고문헌 및 그림 출전

참고문헌

- 기기분석의 이해 6판, Skoog 저, 박기채 외 6인 공역, 사이플러스출판사, 2008
- 일반화학 I, II, Kotz, Treichel, Weaver 저, 일반화학교재편찬위원회 옮김, (주)북스힐, 2012
- 고분자공학개론, 류주환 외 4인 공저, 사이플러스출판사, 2009
- 데이비가 들려주는 금속이야기, 우희권 저, 자음과모음출판사, 2011
- 화학술어집, 대한화학회 엮음, 자유아카데미출판사, 2008
- 고분자과학과 기술, 서민강 외, 한국고분자학회, 21(2), 2010
- 탄소연속섬유 복합체 제조기술, 교육과학기술부, 2011
- 살아있는 과학 교과서, 휴머니스트, 2011
- 시사상식사전, 박문각, 2013
- 첨단산업기술사전, 겸지사, 1992
- 나노:미시세계가 거시세계를 바꾼다, (주)살림출판사, 2004

그림 출전

- tutorvista.com
- Nobelprize, 2010
- Nature, 2009
- Nano Letters
- 전기연구원, 2012
- KISTI 글로벌동향브리핑(GTB)

찾아보기

지은이 소개

우희권

- 연세대학교 화학과 이학사
- KAIST 화학과 이학석사
- 하버드대학교 화학과 이학석사
- 캘리포니아대학교 화학과 이학박사
- 중국 웬주대학교 석좌교수
- 전남대학교 화학과 교수
- 대한화학회 부회장 역임

이인화

- 고려대학교 화학공학과 공학박사
- 현재 광주광역시 메트로에코에너지 타운 기획단 단장
- 현재 조선대학교 환경공학과 교수

조명식

- 전남대학교 화학과 이학박사
- 현재 광주지방식품의약품안전청 시험분석팀 보건연구사

노성희

- 조선대학교 화학공학과 공학박사
- 조선대학교 생명화학공학과 초빙교수
- 현재 조선대학교 자유전공학부 조교수

주족 원소

무기 고분자

▮ 2014년 3월 15일 초판 1쇄 발행

▮ 지은이 노성희 · 조명식 · 이인화 · 우희권

▮ 발행인 박 종 성

▮ 발행처 사이플러스 Science plus

▮ 주 소 서울특별시 마포구 잔다리로 101

▮ 전 화 332-6171

▮ 팩 스 332-6185

▮ 등록 2005.10.20. 제 313-2005-00222호

▮ ISBN 978-89-92603-68-3 93430 값 25,000원